未读 ADR | 探索家 |

U0249674

世 界 博 物 大 图 鉴

花之王国 3

实用植物

Kingdom of Flowers

Useful Plants

[日] 荒俣宏 著

段练 译

《秋》 四季的拟人化之一。将抽象概念寄于人物身上，然后再描绘成带有寓意的图像。（选自《英国田园志》，1682 年）

天津出版传媒集团

天津科学技术出版社

目录

《果篮》[弗雷德里克·辛格尔顿（Frederick Singleto），1900年]。“果篮”这一意象是丰饶的象征，常出现在各类艺术作品中。

《装蔬菜的篮子》[克里斯托弗尔·凡·西西姆(Christoffel van Sichem),阿姆斯特丹,1646年]。17世纪被称为荷兰的“黄金时代”,来自新大陆的蔬菜和新改良的蔬菜品种在市场上随处可见。

《索多玛的苹果》。在中世纪，人们认为旅行者触摸它时，它会变成烟雾。但现在它被认定为生长在死海附近的一种茄科植物[选自《曼德维尔游记》，曼德维尔（Mandeville）著，伦敦，1725年]。

天地庭园巡游

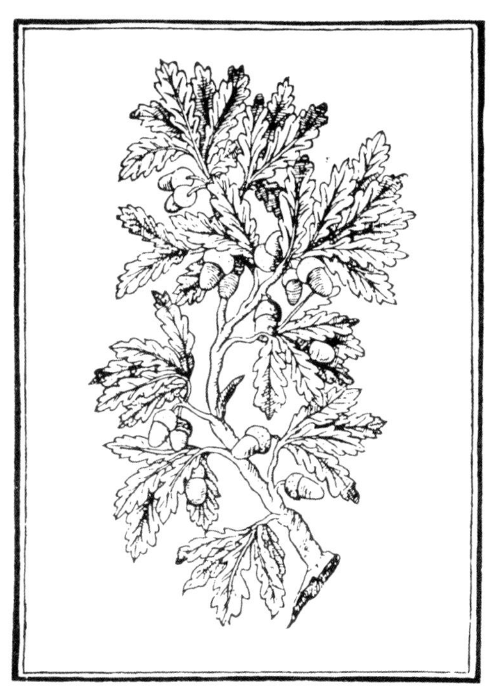

栎树被先史时代的许多种族奉为“神圣之树”[选自《植物详述志》(*Commentaires*),彼得罗・马蒂奥利(Pietro Mattioli)著,1579年]。

无花果树的汁液自古以来就被用作泻药和催吐剂[选自《药用植物志》,耶罗尼米斯・博克(Hieronymus Bock)著,斯特拉斯堡,1551年]。

《花之王国》读法

【结构】

共4卷:第1卷《园艺植物》,第2卷《药用植物》,第3卷《实用植物》,第4卷《珍奇植物》。各卷均从总数达30余万种的植物中,挑选了最符合主题的奇特而美丽的植物,各页均包含了每种植物的标题、解说、插图及插图介绍。卷末还设有专栏“天地庭园巡游”,介绍了25座围绕古今与东西、真实与虚构的庭园,以探索人类与植物之间影响深远的关系。

【标题】

在植物介绍部分,日文版以代表性植物俗名作为标题,而中文版选取科名、属名或物种名作为标题,进行了更符合分类学的处理。

【解说】

包括“原产地”“学名”“日文名”“英文名”“中文名”。其中“日文名”“英文名”“中文名”为各种语言环境中植物的通用名或俗称。

【插图】

每幅插图中所涉及的植物均给出了目前通用的学名[1](种级别)。由于植物学研究的不断推进,植物的学名也在不断更新和完善,所以中文版出版时,编者对日文版中个别植物的学名进行了相应的更新。另外,在插图介绍的最后,可根据“➡”所指的号码在附录“图片出处索引”中找到对应插图的出处。

1 极少数植物存在异物同名的情况,为使表述更明确,相关学名后添加命名人以作区分。另外,还有一些特殊的植物在学界尚未有正式确认的中文名,这里直接采用了其拉丁学名,以方便读者查阅相关资料。——编者

种植“摇钱树”的庭园

——实用植物与经济战略

以“实用”为名的破坏与扩大

“自18世纪以来，植物学家和植物园以科学的名义采集植物。发达国家一般认为，新栽培变种的扩张符合人类的利益，但他们几乎没有考虑过这对植物原产国造成的损害。”

——选自《科学与殖民扩张》(*Science and Colonial Expansion*)，露西尔·H.布罗克韦（Lucile H.Brockway）

有人如此指责道。毋庸置疑，这是一个敏感的问题，而眼下处于风口浪尖的正是实用植物。

诚然，有些阴谋论说得煞有介事，认为对实用植物的垄断是一种新的称霸世界的方式。毕竟，这类“新闻报道”总是不绝于耳。英国就是将这种植物战略作为国策的最重要的国家之一，因此它注定会受到开头提到的那种批评。

植物之所以被视为国策和外交战略的武器，首先是因为它们“实用”。从广义上说，“实用”包括药用、食用和工艺用等诸多用途，而且确实有些材料和功效只能从植物中获取。因此，正如上述引文所述，植物学家和植物园越是忠于自己的工作，就越容易被迫卷入对外战略中。这种使命感充满了讽刺意味，但他们的活动是否真的损害了一些实用植物原产国的权益？

这当然是可以验证的。

的确，实用植物有时会给它们的原产国带来不幸（或者说，太实用也会招致不幸）。

众所周知，“实用”这一经济评价不是一成不变的，而是相对的。换言之，它有时会变成“更实用”，这就是所谓的“改良”。它是文明发展的一种形式，但对文明尚未开化的荒蛮之地来说成了灾祸。

让我们从这个角度来仔细探讨一下英国的植物战略。19世纪，英国已经稳居世界霸主之位，而它能成功殖民印度的一个重要因素被认为得益于治疗疟疾的特效药——奎宁。起初，由于可以提取奎宁的金鸡纳树在南美洲以外的地区很难栽培，殖民者不得不依赖砍伐野生植株。但从19世纪下半叶起，人们开始积极尝试栽培金鸡纳树。例如，1916年，成功提炼出日本国内生产可卡因的日本“星制药”公司的社长星一在中国台湾尝试栽培金鸡纳树。

当然，爪哇、印度和中国之所以能大规模种植金鸡纳树，是因为“殖民者想在殖民地经营种植园”这一企业目标。然而，更重要的原因是，原产地的金鸡纳树数量急剧下降。人们获取原材料的方式不再是剥去原木的树皮，而是直接连根拔起。这种树的生命力相当顽强，连树桩也能轻松发芽。尽管如此，砍伐的速度依然太快，导致原产地的资源遭到严重破坏，这也让原产地经历了森林的荒废。

一幅后世渲染的想象图，描绘了1787年菲律宾总督登陆悉尼港的场景。英国就是这样通过寻找实用植物来扩大其版图的。

接下来是橡胶。现代产业，尤其是汽车产业，对巴西周边的野生橡胶有着巨大的需求，这促使原产地建起大量种植园，并强制当地人在园中工作。不过，橡胶树不像金鸡纳树那样会被砍伐，因此橡胶树不会在原产地消失。然而，不言而喻的是，橡胶树只能作为工业产品的原材料，所以它只在“文明国家”有用。之后，橡胶种植产业被转移到亚洲的热带地区，因为那里生产橡胶的成本更低，劳动力也更充足，这使原产地种植园的数量迅速缩减。其结果是，巴西的野生橡胶产业衰落，当地人失去了原本富足的生活，因为对他们来说这些橡胶毫无用处。

不仅如此。英国还制定了以邱园为中心的植物战略，将咖啡园建在了南美，茶园建在南非……这样一种接一种的实用植物种植园在世界各地发展起来。而在与原产地的关系上，可以说它们与橡胶几乎一模一样。

经济原则在这里发挥了巨大作用，它导致实用植物的种植范围发生了很大变化。换句话说，植物的“自然分布”变成了“人为分布”。在这一过程中，植物有了新的分布——可以将其称为“实用分布”。从更宏观的角度来看，自哥伦布之后，新大陆的很多植物被移植到旧大陆，同时旧大陆的大量实用植物被引入美洲，这一生态学上的变革后来被学者称为“哥伦布大交换”。日本之前是与中国、朝鲜和曾经的琉球王国进行植物交换的，但现在它与包括美洲大陆植物在内的全世界的植物打交道。例如，当时的长崎药园是日本接收外来植物的窗口，出岛植物园则主要接收来自荷兰的植物。在出岛植物园里，仅德国内科医生菲利普·弗朗兹·冯·西博尔德采集并种植的日本植物就有1000多种，而且很可能是在短短一年内完成的。另外，长崎药园还配备了专门的设施，以便中国船只运来的植物（其中包括灵芝、肉桂、半夏、麻黄、鸡桑、龙眼树和人参等）能在此扎根。

当时，长崎药园、江户（今东京）驹场药园和京都药园等药园负责外来植物在日本的传播，这些机构慷慨地将植物幼苗分发给那些想尝试栽培它们的人。

从中我们也能看出，植物的迁移有着重要的经济价值。讽刺的是，实现规模化种植的过程虽然破坏了植物原产地的生态，却改良和开发了新领域。

以小麦为例，它的原种和原产地皆已消失。随着能够在寒冷气候条件下生长的改良品种相继问世，新品种的经济价值越来越高，与原种之间的差距也日趋增大。

如今面包树已经成为热带岛屿居民的主要食物来源，但它原本只分布在从波利尼西亚到密克罗尼西亚的太平洋岛屿。正如其名字所示，这种植物的果实就像面包一样，烤熟或煮熟后舂成年糕状，味道像栗子一样芳香可口。

1769年，詹姆斯·库克船长在塔希提岛上发现了面

这是库克船长最著名的肖像之一。据他夫人说，这幅肖像与他本人十分相似，曾长期悬挂在约瑟夫·班克斯书房的壁炉上方。

布莱船长的肖像，1803年，J.斯玛特（J.Smart）绘制，现藏于英国国家肖像馆。布莱船长曾在热带地区大力推广面包树。

包树，在食用烘烤后的面包果时，他惊叹道："它的味道简直和刚出炉的面包一样美味。"随行的植物学家约瑟夫·班克斯（Joseph Banks）希望将这种植物引入加勒比海的西印度群岛——当时那里是英国的殖民地。因为一般谷物在加勒比地区长势不佳，所以殖民者希望引入一种可以像小麦和水稻一样的谷物作为主食作物。

因此，他们制订了一项计划，即将面包树幼苗从太平洋岛屿移植到加勒比地区。库克船队的幸存者——威廉·布莱船长，因被任命执行该计划而声名大噪。而他搭乘的正是命运之船"邦蒂号"。

"邦蒂号"在塔希提岛装载了大量面包树幼苗，但岛上妇女的"热情好客"和安逸生活让一部分船员彻底沦陷了。后来这些船员发动了著名的叛变，他们将布莱船长和其他忠于他的船员赶到一艘小船上，然后将他们放逐于大海。

然而，布莱船长凭借惊人的意志力活了下来，并于1793年成为"普罗维登斯号"的船长，最终完成了将约700棵面包树幼苗运往西印度群岛的伟大任务。

得益于布莱船长的这一壮举，面包果如今已经成为热带地区的重要主食。所以，我必须再次强调，植物分布范围的扩大在很大程度上是因为其经济价值。

幸运的是，如果一种实用植物在其原产地就很重要，

约瑟夫·班克斯的肖像。在参加了库克船长的首次航海后，年纪轻轻的他成为英国皇家学会会长。他还担任过邱园的园长。

带铁丝网的箱子，用于运输实用植物和珍奇植物。由库克船长第三次环球航行的随行画家威廉·韦德·埃利斯（William Wade Ellis）绘制。后被"沃德箱"（详见第2卷，第145页）取代。

罗伯特·弗伯（Robert Furber）的著作《水果的十二个月》（1732年，伦敦）中的“7月的水果”。图中有杏、欧洲甜樱桃、桃驳李、桃、李子、西洋梨、无花果和各种莓果。

面包树的果实。石版画，参考了L.若利（L.Joli）在拉塔克群岛上绘制的面包果素描。藏于巴黎国家图书馆。

如面包树或绿茶，那么它在原产地就不太可能消亡。面包树是从旧大陆传入新大陆的，与之相反，新大陆也有很多植物传入旧大陆，其中最有趣的或许是与面包果外形相似的凤梨（俗名菠萝）。

17—18世纪，原产于南美洲的凤梨凭借其充满异国情调的造型和甘甜的口感在欧洲盛极一时，成为各种宴会上不可或缺的一道美味。不过，与其说它是必需品，不如说人们更倾向于将它视为能带来快乐的“奢侈品”。不仅如此，欧洲许多地方还搭建了专门用于栽培凤梨的温室。在苏格兰，一些种植者甚至将温室的部分结构设计成了凤梨的形状。人们对凤梨的这种需求催生了一个新的产地——夏威夷。这座过去没有凤梨树分布的太平洋岛屿，到20世纪初竟变成了世界上凤梨树最多的“凤梨岛”。

凤梨。选自荷兰18世纪末的一本图谱。当时，凤梨是招待宾客时必不可少的美食之一。

“起源”故事更像是奇谭

实用植物将征服世界。

为了向大家解释这一点，前面我讲了一些逸闻趣事，似乎有些跑题了。接下来我们将视角转向另一些与以英国为代表的、通过国策性的植物战略提高其经济价值的植物完全不同的实用植物。这里所说的是非常古老的食用植物，如稻子和小麦，它们就像上天赐予人类的恩惠，比如《圣经》故事中的天降食物“吗哪”。

纵观这些实用植物的历史，最能引起我们兴趣的关键词可能是“起源”。正因为对其不甚明了，所以才更能激发我们的想象力。

以神话为例。千百年来，有很多关于古代可食用植物起源的神话故事，其中一个有趣的例子是玉米。在《花的神话与传说》（*Myths And Legends Of Flowers*）一书中，美国作家查尔斯·蒙哥马利·斯金纳（Charles Montgomery Skinner）提到了美洲印第安人的一个传说：玉米在很久以前是创造大地的众神的食物。天神费尽心力创造出人类后，却发现人类太忘恩负义了，于是愤怒的众神决定返回天界，但在途中不小心撒落一些玉米种子。种子在大地上生根发芽，并从此传播开来。

对此，还有一种不同的说法。在某些部落的传说中，人们认为是乌鸦把玉米种子从天界带到人间的。因此，作为运送重要谷物种子的乌鸦应该受到保护。

甜橙的枝与果实。彼得罗·马蒂奥利的作品《植物详述志》中的插图。许多柑橘类水果的起源都伴随着不可思议的民间传说。

不得不说，这些神话都具有一定的合理性。毕竟，将玉米说成“上天赐予的食物”，正好说明了玉米的作用之大，而乌鸦从天界带来玉米种子的故事则说明了种植玉米历史的悠久及其传播之广。然而，令人惊讶的是，还有一个类似的关于“起源”的故事，它不是神话，而是真实发生的事情。

这个故事与日本纪州（今日本和歌山县）周边种植的“安藤蜜柑”有关。据说，安藤蜜柑是纪州植物学家南方熊楠最喜欢的水果之一，并在与南方熊楠有渊源的和歌山县被大力推广。在1942年的一次座谈会上，也就是南方熊楠去世后不久，时任县历史保存科科长的田中敬忠对安藤蜜柑的由来做了如下说明：

“熊楠老师对安藤蜜柑赞不绝口，说它比国外受珍视的柚子的外形更优雅，味道也更上乘——即使从园艺的角度来看，它也应该得到大力推广。安藤蜜柑原产于田边市，据说是乌鸦将其种子播撒在了安藤的宅邸，因此它也被称为‘乌鸦蜜柑’。还有一种说法称，它是藩祖直次公从肥后国（日本古代的令制国之一）带来的。不管怎么说，第一棵安藤蜜柑树是在安藤的宅邸中发现的，后来被移植到泷川喜太郎的家中，但前些年枯死了。第二古老的是南方老师家的那棵，树龄估计有120年，近几年来一直有虫害，我偶尔会给它做消杀工作，对此老师表示很开心。但它毕竟是棵老树，每当枝干上的蚧壳虫排出蜜露时，都会招致数以万计的蚂蚁来吸食，因此老师每天晚上都要一边用手电筒照着，一边用手指搓死那些不断攀爬的虫子。他一直耐心地做这件事，直到三个手电筒的电都耗尽。”

有趣的是，安藤蜜柑的种子也是乌鸦无意间传播的，这与玉米的故事很相似。

柑橘类是经济价值较高的实用植物之一，作为参考，我再举几个关于这类植物“起源”的有趣故事。

据说，大约250年前，人们在山口县的海边偶然发现一个被海浪冲上来的果子，种下之后竟结出了又大又酸的果实，它就是现在的“夏蜜柑”。山口县至今仍保留着最初的夏蜜柑树。无人知晓从一粒果实中孕育出的夏蜜柑究竟来自何方，它就像是沿河而下的“桃太郎”。[1]

除了纪伊国屋文左卫门从和歌山县运往江户的纪州蜜柑，明治时代以后成为日本代表性柑橘的温州蜜柑的起源也很神奇。“温州”这个名字很容易让人误以为它原产于中国浙江省的温州市，但实际上这种柑橘起源于日本。据说，大约500年前，它的种子在九州天草南部的长岛上偶然萌芽。另一种说法是，它是日本遣唐使从中国浙江省的黄岩带回来的，或是中国漂流船运来的柑橘意外萌芽。

此外，柚子和伊予柑等都是在意想不到的地方诞生的。

在类似的起源故事中，还有一个著名的例子——印度

1 日本民间故事中一个家喻户晓的神话人物，桃太郎的出生和成长颇具传奇性。据说，一个老婆婆在河边洗衣服时捡到一个大桃子，切开后，发现里面有一个婴儿，正是桃太郎。

马蒂厄·博纳福斯（Matthieu Bonafous）关于玉米的专著《自然、农业和经济史》（*Histoire Naturelle, Agricole et Économique du Mäis*，1836年）中的插图。安加·博托内-罗西（Anga Bottione-Rossi）绘制，杜普雷尔（Dupréel）雕版。该图是玉米图谱中的精品。

亨利-路易斯·杜哈麦·芒修（Henri-Louis Duhamel du Monceau）的《果树论》（*Traite des Arbres Fruitiers*，1768年）一书的封面。该书十分稀有，被认为是所有与水果相关的书籍中最精美的。插图由皮埃尔-安托万·波瓦多和皮埃尔·让·弗朗索瓦·蒂尔潘绘制。

这幅香蕉插图选自托马斯·约翰逊（Thomas Johnson）修订的《杰拉尔德本草书》[*The Herbal or General History of Plants*，约翰·杰拉德（John Gerard）著，1633年修订版]一书，也是约翰逊绘制的。图中的香蕉产自百慕大。

苹果。印度苹果既不是来自印度，也不是从美国印第安纳州引进的苹果树苗结的果。

相传，有一个美国传教士曾在青森县弘前市的东奥义塾担任英语教师，名叫约翰·英格。有一次，他组织了一场平安夜晚会，并想让村里的孩子们品尝一下他们从未吃过的苹果。当时有一个男孩将吃完的苹果核扔在了自家的院子里，而它就是世界上第一棵印度苹果树的起源。这还真是名副其实的"圣诞老人的礼物"。

许多世界性的实用植物的起源故事大多与原产地相关，但其中大部分已经失传。接下来，我们来看看西瓜的故事。

这种大众化的食用植物据说起源于非洲南部。卡拉哈里沙漠地区的布须曼人曾栽种过这种植物，可能是为了获取其含有糖分和水分的果实。事实上，含有葫芦素的苦味西瓜和不含葫芦素的西瓜同时存在于它的原产地。

布须曼人吃的是不苦的西瓜。不过，有研究称古埃及人在大约4000年前就已经在栽培这种西瓜，并将其种子用作食物。

之后，栽培范围扩大到希腊、罗马等地中海沿岸的欧洲国家，传入印度和东南亚的时间也很早。17世纪传入美洲，11世纪传入中国。人们一般认为，西瓜传入日本的时间是在16世纪，据说是葡萄牙人将其种子带到长崎的。总之，在11世纪至17世纪的这短短几百年间，西瓜在世界范围内的"扩张"基本完成。而布须曼人食用的原产地品种最终也没能逃过消亡的命运。如今在日本，西瓜已成为夏季最应景的水果之一，仿佛它在史前时代就已传入日本，其普及程度可见一斑。

当然，布须曼人的西瓜和日本的西瓜早已是两个完全不同的品种。西瓜啊西瓜，你在地球上的每个角落都留下了闪亮的轨迹。

有"摇钱树"吗?

然而，长期以来，如何将这些拥有如此神奇起源的"天赐之物"变成名副其实的"摇钱树"，才是人们最关心的植物战略之一。

禁止本国植物出口就是这一战略的最直接体现。当然，在某些领域，这一政策被视为理所当然的举措。正如前文所述，列强国擅自带回国内并商业化的许多植物都是原产于南美洲，甚至连橡胶这种被认为无法归化的植物也被英国人掠走了。因此，19世纪下半叶，目睹这一现状的拉美国家纷纷立法禁止本国植物出口也就不足为奇了。

这显然是一种自卫行为。不过，根据《科学与殖民扩张》一书的作者布罗克韦的说法，之后邱园（英国皇家植物园）的确减少了采集植物的考察活动，但仍继续在原产国搜寻各种情报。例如，书中写道："英国政府继续向英国驻外领事下达命令，要求他们寄送当地禁止出口的植物

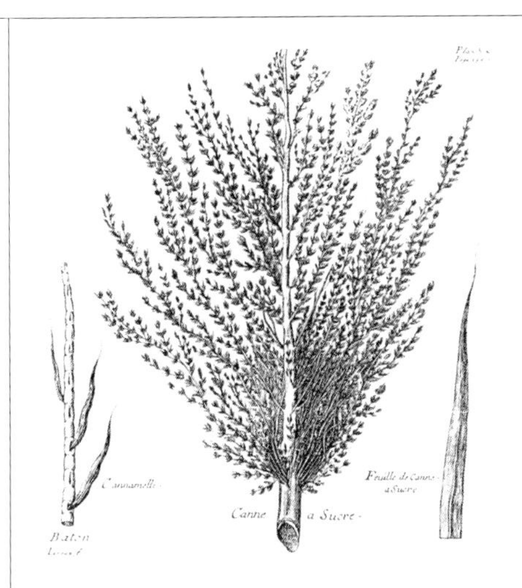

甘蔗被移植到加勒比群岛，许多黑人成为种植甘蔗的奴隶。这幅插图选自公元8世纪初在巴黎出版的一部研究可可和甘蔗的著作。

17世纪下半叶，由于土耳其对奥地利维也纳的数次围攻，咖啡也产生了全球性的影响。这幅插图选自18世纪初德国的一本博物学著作。

标本以及有关其繁殖和育种的报告。而邱园也一如既往地从事这类植物的研究，并以科学的名义将关于它们的商业秘密结集成书出版。”

即使无法获得实体，列强国仍然能不断获取这类植物的情报。这一方针很快开始见效，“摇钱树”也不再必须是实体。

在当时，由于邱园的信息都是公开的，一些“好事者”根据这些情报窃走了很多“摇钱树”，如德国。例如，邱园的出版物上曾提及过如下一则信息：“从龙舌兰属植物中可以提取一种名为‘剑麻’的坚韧纤维，而这正逐渐成为西印度群岛的一个重要产业。”

这一信息的最大受益者就是德国。当时，德国向其在东非的殖民地移植了一种能提取剑麻的龙舌兰属植物。同样，根据邱园的资料，移植的树苗是“一个德国商人从美国佛罗里达州购买的”。这个“德国商人”名叫R.欣多夫（R. Hindorff），是位农学家。欣多夫在1892年发行的一期《柯蒂斯植物学杂志》上了解到卢卡亚群岛的剑麻业时，对这种产业的存在感到惊讶。欣多夫认为，这种植物很可能适合德国刚刚获得的非洲荒地，于是他从佛罗里达州购入1000棵剑麻球芽，并经由德国汉堡运往了东非。

源于从《柯蒂斯植物学杂志》的一篇文章中获得的情报，德属东非殖民地在不到十年的时间里发展成为世界上最大的剑麻产地。据说，这一产业一直繁荣到第二次世界大战爆发前。

今天，也许已经没有什么地方会免费提供重要的实用珍稀植物的情报了。就像这里的例子一样，植物情报与经济发展直接相关，本身就是一种重要的战略。结果是，一些国家开始确立其对所有植物信息的所有权和独家管理权，而不仅仅是迄今已获得的植物的信息。

细想一下，这难道不是一种新的殖民主义吗？如果说殖民地的管理目标之一是控制与欧洲自然环境特征不同的地区的产品，那么植物园作为从世界各地获取和管理实用植物的信息中心，确实实现了这一目标。毕竟，殖民地所有的“摇钱树”都集中在这里。

植物出口禁令原本是植物学落后国家自我保护的武器，现在却变成了保护那些垄断实用植物大国利益的强权之法。1961年通过的《国际植物新品种保护公约》就很好地说明了“现代植物大战”的一个方面。该公约旨在赋予育种者对植物园、苗圃和其他实验站培育出的实用新品种的专有权。这样做其实是为了防止实用植物被有先见之明的人商业化而造成巨大损失，就像德属东非殖民地的剑麻产业一样。

乍一看，这一公约似乎旨在保护弱小的育种者的权利，但实际上，它保护的是那些已经获得大量植物情报和标本、即将培育新品种的大型国家项目。事实上，《国际植物新品种保护公约》的成员国大部分都是发达国家，一些发展中国家对此持反对态度。

我们现在已经进入生物科技阶段，植物也成了一种工业产品。因此，要时刻关注事态发展，即使是实用植物，也可能出现类似过去美国南北战争。如果原本属于旧殖民地的珍稀实用物种现在都归发达国家所有，那么旧殖民地的人民甚至连他们丰饶的大自然都将不复存在。

《水果店》
1775年，伦敦，朗·约翰（Long John）绘制，约翰·博伊德尔（John Boydell）刻版。原作藏于美国霍顿美术馆。通过画面中的葡萄、西瓜和无花果等水果，我们可以看出当时的伦敦相当繁荣。

甜橙

【原产地】起源于印度东北部。在传播至中国、葡萄牙、亚速尔群岛、美洲的过程中确定。

【学　名】*Citrus sinensis*：属名“*Citrus*”源于枸橼（*Citrus medica*）的古希腊语。语源不详，据说与犹太教的礼仪有关。

【日文名】すいーとおれんじ（suiitoorenji），由其英文名演变而来。

【英文名】sweet orange：意为“甜橙”。“orange”最早可追溯至古梵语“nāraṅga”（橙树），但直接来源于法国南部的一处地名。

【中文名】甜橙。

甜橙
Citrus sinensis
典型的甜橙图。图中是被称为“热那亚”（Genova）的品种。➡⑰

甜橙
Citrus sinensis
这幅图中的法语名直译为“果实大而饱满的橙子”。此外，还有“长角的橙子”“西洋梨形橙子”等。➡⑰

香橼
Citrus medica
药用柑橘类，早在公元前就已被地中海地区的人们所熟知。果头形状奇特，叶片呈锯齿状。➡⑱

甜橙
Citrus sinensis
一种结长形果实的品种。《橙子图谱》一书中收录了各种形状奇特的橙子品种。➡⑰

柠檬
Citrus × limon
此品种的法语名意为“亚当的苹果”，一般被认为是柠檬与香柠檬的杂交种。➡⑰

在西方，橙子作为一种柑橘类水果，被人们广泛食用，但它起源于印度附近的热带亚洲地区。最初，它与日本人熟知的蜜柑一起被栽培在中国的南方地区，15世纪中叶由葡萄牙人引入西方。

在中国，它被称为甜橙。传入西方后，西班牙发展成为主要的橙子生产国。脐橙和瓦伦西亚橙也是甜橙家族的成员，尤其是美国佛罗里达州和加利福尼亚州广泛种植的瓦伦西亚橙，以西班牙的地名（瓦伦西亚）命名就源于这一历史。实际上，美国培育的品种是葡萄牙人在亚速尔群岛种植的母本的后代。

由于橙子最初起源于印度，所以人们认为，《圣经》中伊甸园里的“智慧树（分辨善恶的树）”可能就是橙子家族的一员，其果子的表皮泛着耀眼的光泽。另外，这种酸味水果也是孕妇所需要的，能有效缓解孕吐。

在美国和欧洲国家，大部分橙子都被加工成了果汁。例如，在巴西——世界上最大的橙子生产国之一，橙汁几乎成了人们的日常饮品。大约在17世纪，橙子作为一种颇具南国风情的果树，被引入法国和英国等阿尔卑斯山以北的国家。当时人们在一种名为“橙园”的温室里栽培了大量橙子树。

甜橙

佛手（俗名佛手柑）
Citrus medica 'Fingered'
其法语名直译为“手指状的柠檬”。此品种分枝较少。➡⑰

柚
Citrus maxima
柚子的花呈簇状。从剖面图可以看出，其果皮很厚。➡⑰

文旦
Citrus maxima 'wentan'
一种果实较大的柚子品种，是葡萄柚的近缘。结果数量多。➡⑰

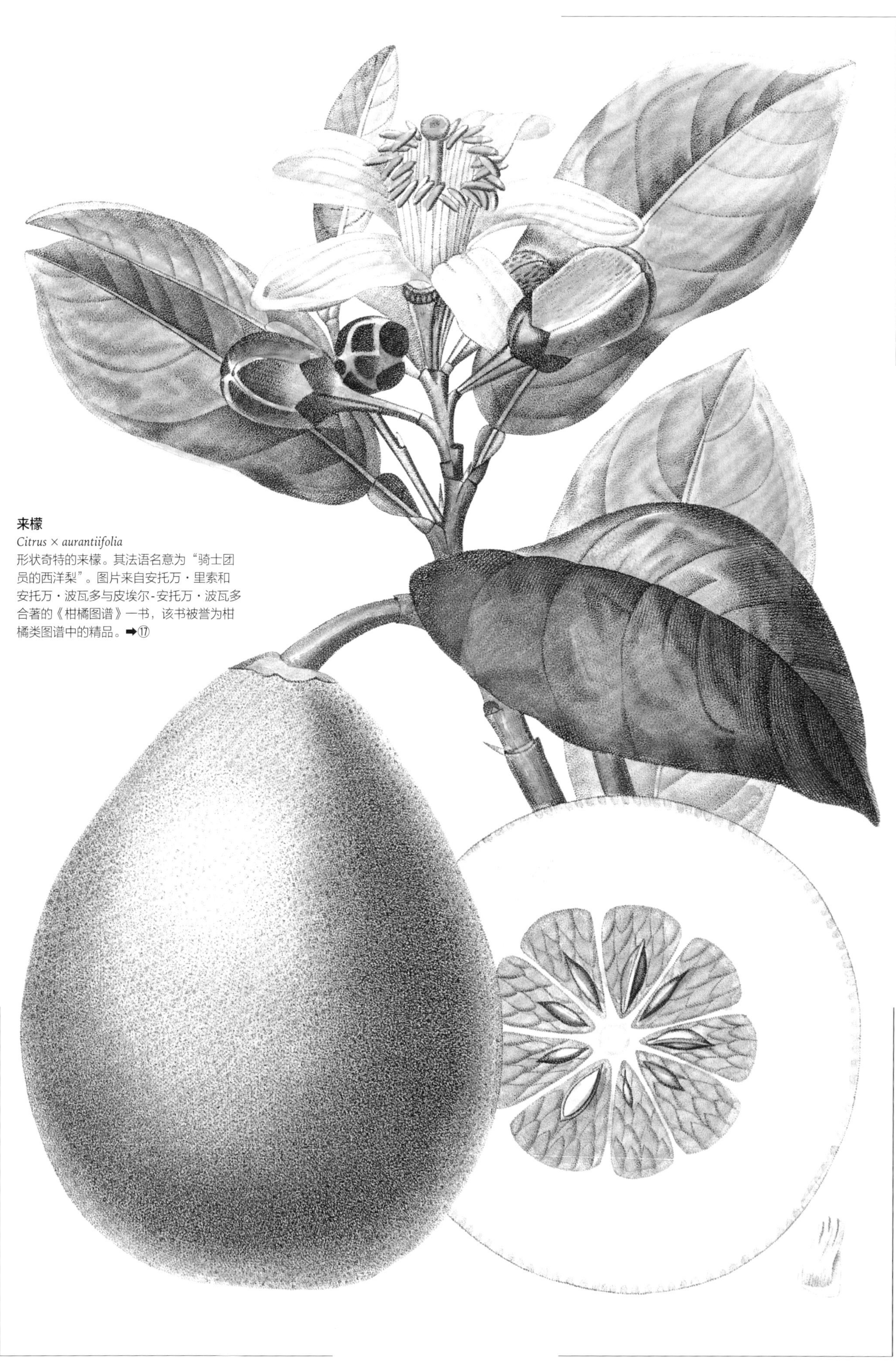

来檬

Citrus × aurantiifolia

形状奇特的来檬。其法语名意为“骑士团员的西洋梨”。图片来自安托万·里索和安托万·波瓦多与皮埃尔-安托万·波瓦多合著的《柑橘图谱》一书，该书被誉为柑橘类图谱中的精品。➡⑰

金柑

【原产地】 中国。

【学　名】 *Citrus japonica*：异名 *Fortunella japonica*，源于英国著名的植物猎人罗伯特·福琼（Robert Fortune）的名字，他被皇家园艺协会派遣至中国，将众多的中国植物引种欧洲。

【日文名】 きんかん（金柑）：源于中文名。

【英文名】 kumquat：源于金柑的粤语读法。

【中文名】 金柑。

金柑
Citrus japonica
图I和图II为圆金柑，图III推测是长金柑（*Citrus margarita*）。➡④

金柑是柑橘类中果实最小的一种，是芸香科柑橘属多个品种的总称。最早引入日本的是圆金柑，时间大约在14世纪。江户时代初期引入了长金柑。此外，还有一种盆栽的观赏品种，名为金豆。宁波金柑于文政九年（1826年）引入日本，当时一艘来自中国宁波的商船遭遇风暴，停靠在静冈县三保区时，当地的领主柴田收到一盆金柑，并播下了它的种子。据说，自此以后这种植物便在静冈扎根下来。19世纪中叶，罗伯特·福琼将金柑引入英国，随后又将其引入美国，并在那里一直栽培至今。

金柑的果肉较酸，但果皮光滑、甘甜，因此人们主要食用其果皮。它的果皮富含维生素C，每100克中就含有200毫克维生素C。除了直接食用，人们还将其做成蜜饯，据说对老人有止咳作用。

酸橙

【原产地】 印度或东南亚。

【学　名】 *Citrus × aurantium*：属名“*Citrus*”源于古希腊语。种加词“*aurantium*”意为“橙黄色的”。

【日文名】 橙（daidai）：意为“代代”，其果实在新年之后依然不落，而且第二年还能回青，有世代繁荣之意，因而得名。

【英文名】 sour orange：意为“酸橙”。bitter orange：意为“苦橙”。

【中文名】 酸橙：意为酸的橙子。

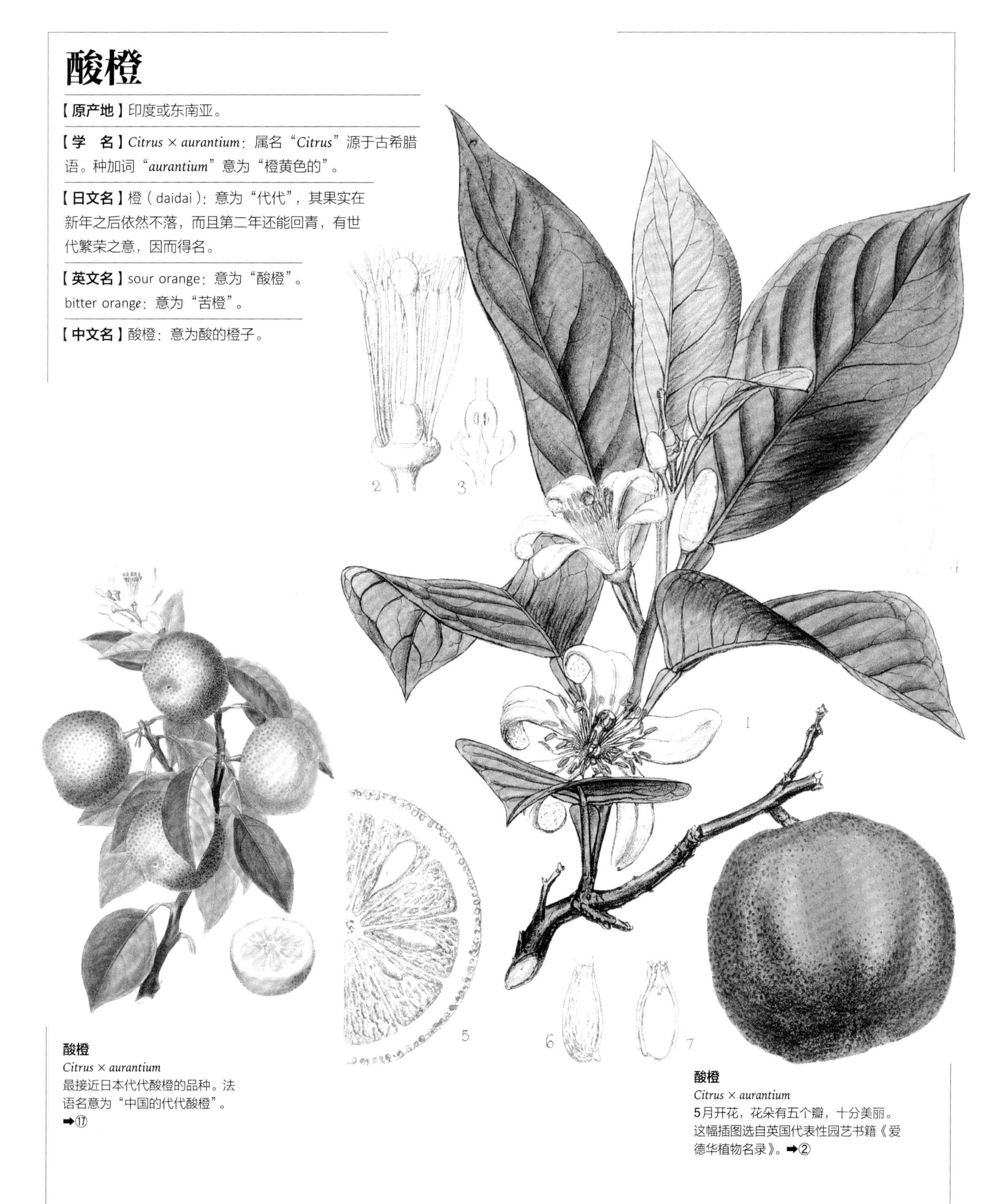

酸橙
Citrus × aurantium
最接近日本代代酸橙的品种。法语名意为“中国的代代酸橙”。➡⑰

酸橙
Citrus × aurantium
5月开花，花朵有五个瓣，十分美丽。这幅插图选自英国代表性园艺书籍《爱德华植物名录》。➡②

酸橙原产于南亚，古代时就已分别向东、西方向传播，并分化成两个品种：传入地中海地区的叫酸橙，传入中国的叫代代酸橙。地中海地区自古以来就在栽培酸橙，现在酸橙甚至成为西班牙塞维利亚的特产之一。作为橙子酱的原料，西班牙每年的酸橙产量高达2万吨。该品种还曾被用作各种柑橘类植物的砧木，但由于易感染某种病毒，现在已较少使用。

日本的代代酸橙是从中国引入的。《古事记》和《日本书纪》中记载的柑橘“非时香果”应该就是代代酸橙。代代酸橙味道苦涩，不宜生吃，但在新年时常被用来装饰镜饼（供奉给神灵的扁圆形年糕）。果子不易从树上掉落，因此新旧果子会同时出现在树上，这一特点也让它被视为吉祥之物。

榲桲

【原产地】伊朗、哈萨克斯坦。

【学　名】*Cydonia oblonga*：属名“*Cydonia*”源于希腊克里特岛上基多尼亚（Kydonia）古城的名字。

【日文名】まるめろ：由其英文名演变而来。

【英文名】quince：由属名的法语名演变而来；marmelo：源于古希腊语，意为“甜苹果”。与柑橘酱（Marmalade）为同一语源。

【中文名】榲桲。

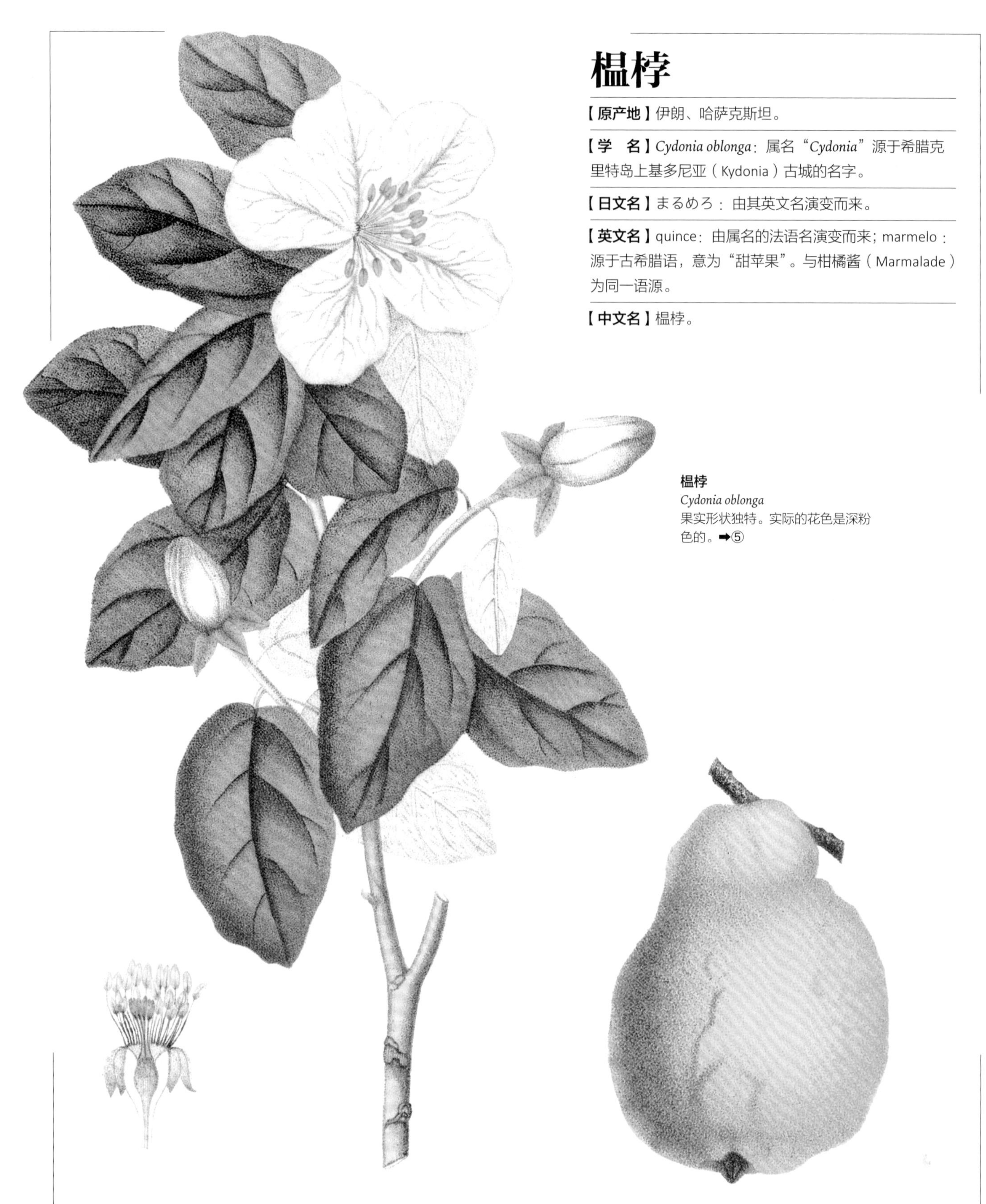

榲桲
Cydonia oblonga
果实形状独特。实际的花色是深粉色的。➡⑤

蔷薇科果树。榲桲的果实与苹果和梨相似，但颜色是黄色的，质地坚硬，不可直接食用。主要用于加工食品，如做成果酱。另外，它的果实与木瓜也相似，二者在过去曾被认为是同属植物。

古时候，榲桲从原产地哈萨克斯坦传入地中海地区，在古希腊和罗马时代就已经是重要的水果。此外，它还被用作嫁接梨的砧木。在古罗马时代，榲桲被用来供奉女神维纳斯。在许多女神雕像中，我们经常能看到维纳斯的右手拿着帕里斯献给她的榲桲。据说，在许多现代版本的《圣经》中，被译作苹果的水果其实就是榲桲。

现在，榲桲的主要产地是地中海沿岸各国和美国东海岸。大约在10世纪，榲桲经由中亚传入中国，并在1634年首次传入日本长崎。长野县的诹访市栽种了大量榲桲，不过当地人将其称为“木瓜”，所以当地出售的木瓜蜜饯实际上是榲桲蜜饯。

木瓜

【原产地】中国。

【学　名】*Pseudocydonia sinensis*：异名 *Chaenomeles sinensis*，属名“*Chaenomeles*”源于希腊语，由“张开大嘴”和“苹果”这两词拼合而成。因为在过去，人们错误地以为它成熟的果实会开裂。

【日文名】かりん（花梨）：该树的木纹与豆科花梨[印度紫檀（*Pterocarpus indicus*）]的木纹相似，因而得名。

【英文名】japanese quince：意为“日本榅桲”，因二者长相相似而得名。现在虽为不同属，但在过去被归为同属。

【中文名】木瓜。

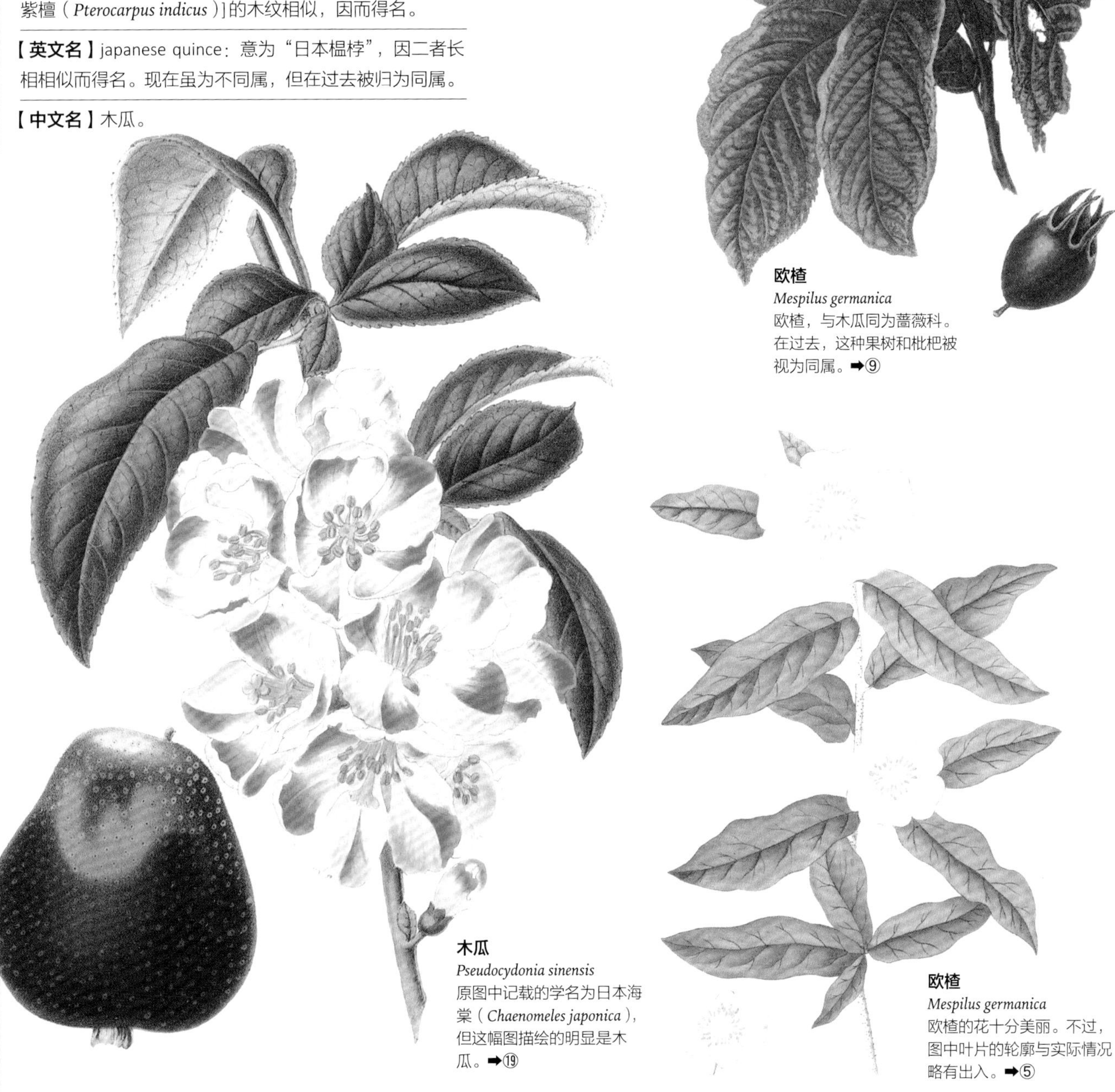

欧楂
Mespilus germanica
欧楂，与木瓜同为蔷薇科。在过去，这种果树和枇杷被视为同属。➡⑨

木瓜
Pseudocydonia sinensis
原图中记载的学名为日本海棠（*Chaenomeles japonica*），但这幅图描绘的明显是木瓜。➡⑲

欧楂
Mespilus germanica
欧楂的花十分美丽。不过，图中叶片的轮廓与实际情况略有出入。➡⑤

木瓜是蔷薇科木瓜属果树，原产于中国北部，在江户时代传入日本。木瓜在初夏时开出桃红色的小花，晚秋时结出橄榄球状的美丽果实。其果实质地坚硬，不能生吃，主要用于加工食品，如制成蜜饯，或酿造果酒。另外，因其果实散发着香味，所以它也常被用作庭院树或室内盆栽。

日本神社里经常栽种的“庵摩罗”就是木瓜。不过，佛经中提及的“庵摩罗”是大戟科的另一种完全不同的植物，尽管二者的果实都可以用来搭配砂糖煮甜水。

与榅桲不同的是，木瓜从幼果时就没有浓密的茸毛，表面光滑，而榅桲的表面有毛。风干后的木瓜具有止咳和缓解疲劳的功效。木瓜的近缘种（木瓜海棠）的干果可用于治疗脚气。

苹果属

【原产地】亚洲西部、欧洲中部。

【学　名】*Malus*：属名"*Malus*"为拉丁语，源自希腊语中的多利亚方言。古罗马诗人维吉尔（Vergilius）曾使用过该名称。

【日文名】りんご（林檎）：源于苹果的中国古名。

【英文名】apple：源自日耳曼语。该词十分古老，可以追溯至古高卢语中的"avallo"（水果）一词。

【中文名】苹果。

苹果
Malus pumila
此品种名为"佩平"（Pepin），因口感极好，该词还引申出了"美好的事物"这一词意。这幅插图采用了腐蚀铜版制版法，十分少见。➡⑬

苹果
Malus pumila
此品种原为法国诺曼底大区卡尔维尔（Calville）的特产。除红色的果子外，还有白色的，口感俱佳。➡⑨

苹果
Malus pumila
产自英国德文郡的一个品种，果实为深红色。➡⑬

苹果
Malus pumila
英国系苹果，名为“小小女王”。➡⑨

蔷薇科果树，据估计已有约4000年的栽培历史。人们认为它起源于中亚附近，在古代时向东、西方向传播。向西传播的苹果被选育成我们今天所熟知的大红苹果，而从中国传至日本的苹果因果实较小，很少直接食用。

日本现在的苹果树是明治时代（1868—1912年）从美国引入的。当时有人提出，要为这种果树起一个与日本本土的“林檎”完全不同的新名字。

在凯尔特人的传说中，“天佑之岛”阿瓦隆就是一个苹果岛，当时在战斗中身负重伤的亚瑟王被送到了这个岛上。在希腊神话中，世界之海的西海岸也有一座“金苹果圣园”，据说大力神赫拉克勒斯在突破赫斯珀里得斯的防御后占领了它。《圣经》中伊甸园里的禁果现在通常被认为是苹果，这也许是因为在拉丁语中，“恶”与“苹果”的拼写相似。不过，这些苹果并不像今天的苹果那么大，而是英国人用来制作苹果酒的小果。

现在主流的苹果品种是从16世纪开始改良的，直到19世纪才最终培育出可以直接食用的美味品种。传说以绰号“苹果佬约翰尼”著称的约翰·查普曼（John Chapman）是位“苹果先驱”，他常年蓬发赤脚，在美国四处散播苹果种子。不过，他栽培的也并非大粒的苹果品种。

苹果属

苹果
Malus pumila
“小小女王”的其中一种，表面有许多隆起，看上去与传统的苹果差异较大。➡⑨

苹果
Malus pumila
此品种名为“栗树苹果”。➡⑨

苹果
Malus pumila
此品种名为“鸠的心脏”，果实偏小。
➡⑨

苹果

Malus pumila

出自德国药物学家约翰·威廉·魏因曼的《药用植物图谱》，书中有各种苹果的插图。➡①

梨属

【原产地】欧亚大陆、非洲大陆北部。

【学　名】*Pyrus*：属名源于其古拉丁名。

【日文名】なし（梨）：语源不明。在日语中，与“無し”（虚无）发音相同，因此人们曾忌讳使用该词，而是取其反义，用“有果”来称呼它。

【英文名】pear：由其拉丁名演变而来。

【中文名】梨。

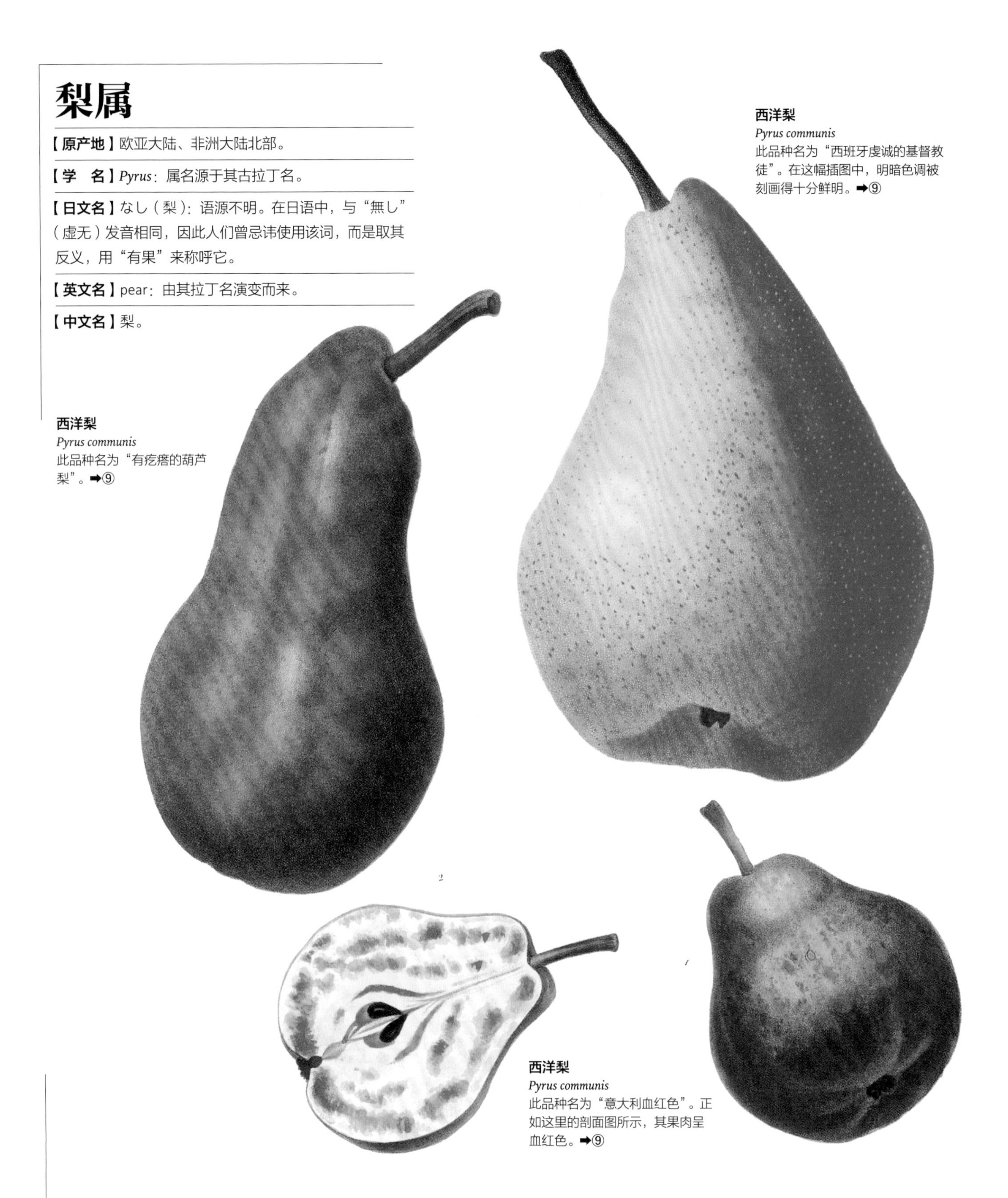

西洋梨
Pyrus communis
此品种名为“西班牙虔诚的基督教徒”。在这幅插图中，明暗色调被刻画得十分鲜明。➡⑨

西洋梨
Pyrus communis
此品种名为“有疙瘩的葫芦梨”。➡⑨

西洋梨
Pyrus communis
此品种名为“意大利血红色”。正如这里的剖面图所示，其果肉呈血红色。➡⑨

蔷薇科果树。日本梨、中国梨和西洋梨在形态和味道上完全不同，但是同属植物。

西洋梨原产于欧洲东南部和高加索地区。在欧洲，考古人员曾在新石器时代湖边居民的聚居地发现过它的种子。在地中海地区，西洋梨的栽培始于古希腊时代，根据老普林尼的记载，到罗马时代已多达39个品种。西洋梨喜欢冷凉干燥的气候，因此并不适合夏季湿热的日本。

日本梨原产于日本南部和朝鲜南部，《日本书纪》中有一篇关于在日本各地推广栽培日本梨的文章。在江户时代，日本梨被广泛栽培在果园中。明治时代中期（1881—1896年），人们在神奈川县偶然发现的“长十郎梨”和在千叶县发现的“20世纪梨”，使日本梨从此成为日本的代表性水果。

中国梨的故事则有些不同。在中国古代，人们将戏曲班子称为“梨园”，这源于唐玄宗让乐师和宫女在一个广植梨树的果园里学习歌舞戏曲。

西洋梨

Pyrus communis

被誉为“花之拉斐尔”的画家皮埃尔-约瑟夫·雷杜德描绘的梨。每一片叶子都刻画得精细无比。➡⑱

梅

【原产地】中国。

【学　名】*Prunus mume*：属名“*mume*”源于拉丁语中意为“李子”的词。种加词“*mume*”源于古日文名。

【日文名】うめ（梅）：源于中文名。

【英文名】japanese apricot：意为“日本的杏子”。

【中文名】梅：过去曾写作木字旁加一个“某”字的“楳”，“某”指“献给神木之物”。

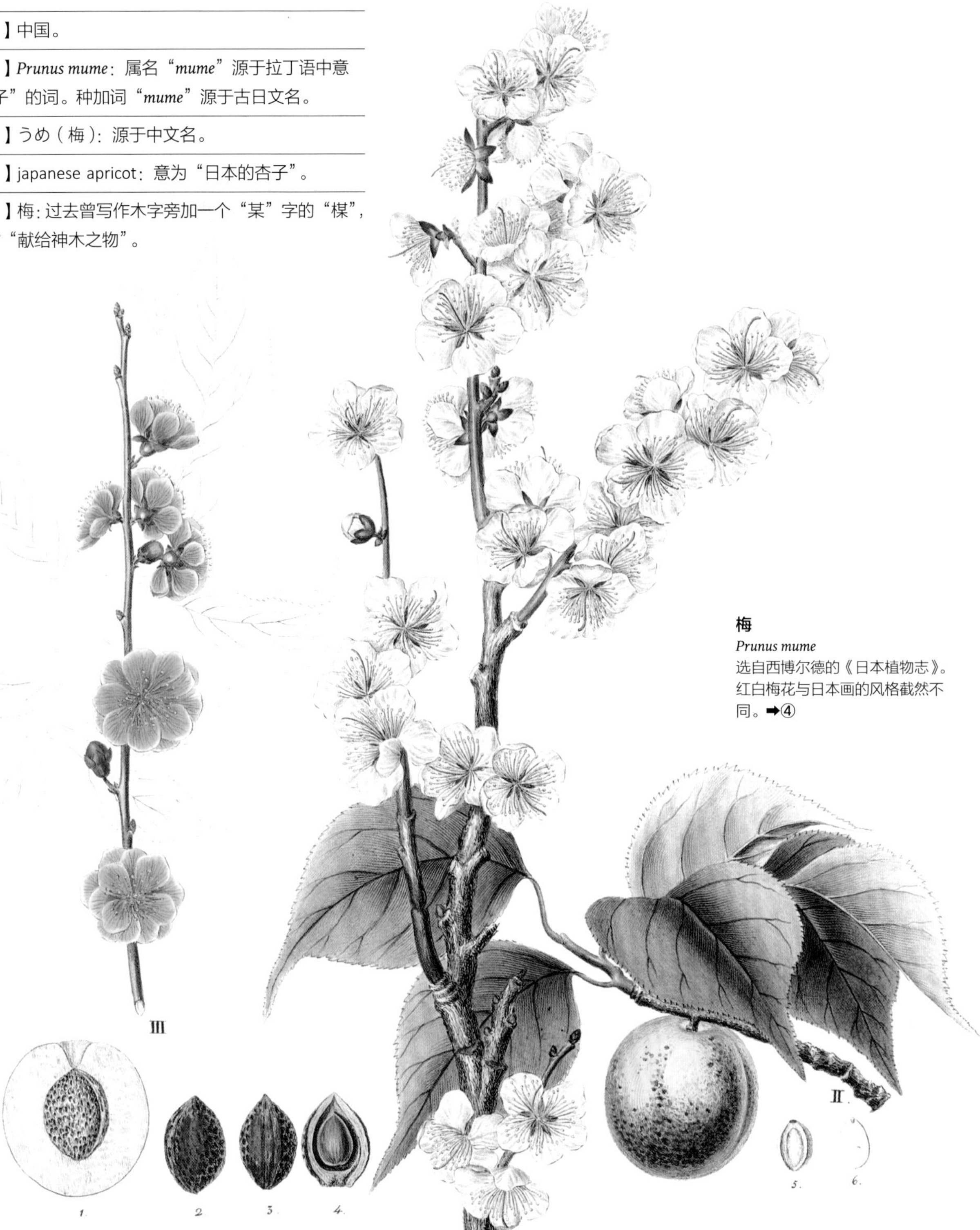

梅
Prunus mume
选自西博尔德的《日本植物志》。红白梅花与日本画的风格截然不同。➡④

蔷薇科樱桃属落叶小乔木，原本生长在中国四川省至湖北省的山岳地带，公元前6世纪前后被广泛栽培。人们一般认为，日本从记纪（日本历史书籍《古事记》和《日本书纪》的总称）、万叶时代就开始栽培用于观赏的梅树了，树种可能是从中国引入的，或是由九州的野生树种培育而来。不过，现在栽培的大多数品种都是与杏的杂交种。从平安时代中期开始，梅在日本一直是花中之王，直到后来被樱花取代。

梅的未成熟果实含有有毒的扁桃苷，中国人将其作药用或制成果干，如乌梅（需要经过熏制和干燥）和白梅（用盐腌制后并晒干）。另外，用紫苏给梅干上色是日本特有的习俗，始于元禄年间（1688—1704年）。

梅的另一个重要用途是制作梅酒，其起源可追溯至室町时代（1336—1573年）。不过，烧酒是在16世纪传入日本的，在此之前，人们都是用日本清酒制作梅酒。至于从何时开始大量使用糖制作梅酒，目前尚无定论。

毛樱桃

【原产地】中国华北地区。

【学　名】*Prunus tomentosa*：属名“*Prunus*”源于李子的拉丁名。种加词“*tomentosa*”，意为“被细茸毛的”。

【日文名】ゆすらうめ（“ゆすら”在日语中有“摇晃”之意）：其枝叶繁茂，据说只要有风稍稍吹动，就会摇个不停，因而得名。但日本植物学家牧野富太郎则推测，是因为人们通过晃动树枝来采摘果子，所以起了这个名字。

【英文名】nanking cherry：意为“南京樱桃”；chinese bush cherry：意为“中国的灌木樱桃”。

【中文名】毛樱桃：意为“长着毛的樱桃”。因其叶片两面均被茸毛而得名。俗名山樱桃，意为“山中的樱桃”。

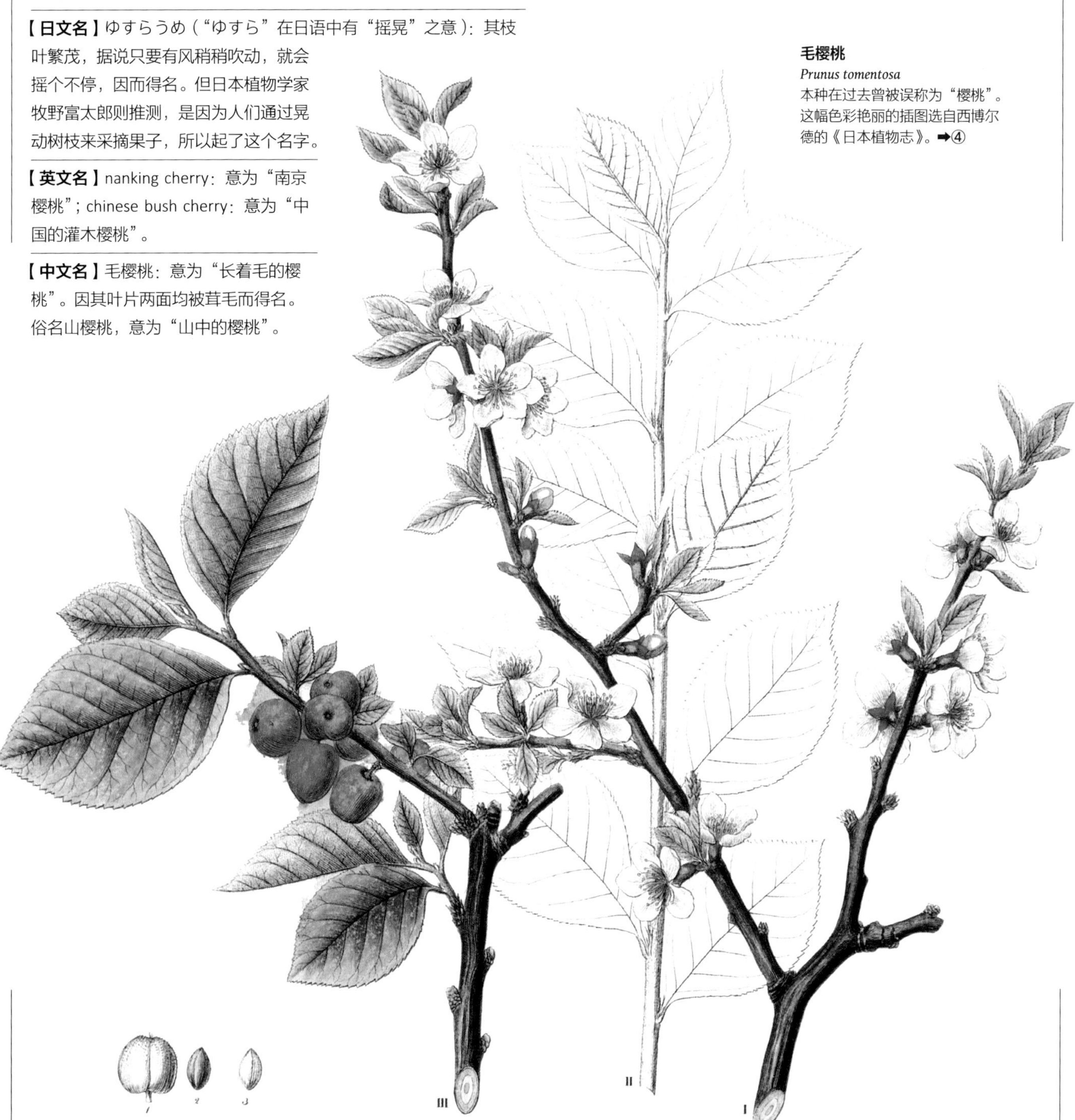

毛樱桃
Prunus tomentosa
本种在过去曾被误称为“樱桃”。这幅色彩艳丽的插图选自西博尔德的《日本植物志》。➡④

蔷薇科李属落叶灌木。毛樱桃是中国樱桃（*Prunus pseudocerasus*）的近缘品种，在过去，日本人曾将本种误称为“樱桃”。

毛樱桃是一种耐寒树种，它自然分布在中国北部山区、东北和华北一带，那里也有栽培的树种。据说在中国和朝鲜，由于毛樱桃比其他水果先成熟，所以被视为祭祀祖先的珍品。

毛樱桃传入日本的时间不详，但至少在17世纪末已经出现，因为当时出版的《农业全书》一书中有所提及。

毛樱桃的果实十分多汁，直径约1厘米，可直接食用或用来酿造果酒。果子摘下后，用糖腌制一段时间，接着果汁会自行流出，兑入冷水后便可作饮品。它还可以制成糖浆和果冻。不过，毛樱桃用途最广泛的还是作为盆栽和庭院树。

李属

【原产地】中国。

【学　名】*Prunus*：属名源于李子的古拉丁名。老普林尼（Pliny the Elder）曾使用过这一名称。推测起源于弗里吉亚语。

【日文名】すもも（李）：意为“酸桃子”。因其果实有强烈酸味而得名。

【英文名】plum：由其拉丁名演变的法语名演变而来。

【中文名】李。

各种欧洲李
Prunus domestica
1. 绿岛
2. 阿让李
3. 洛亚尔
4. 圣加大利纳李
5. 蜜李
6. 布里扬松李➡⑨

各种欧洲李
Prunus domestica
1—2. 诃子
3. 二度开花
4—5. 绅士
6. 皇家双塔。这种宝石般的美感是铜版画所独有的。➡⑨

蔷薇科李属果树，原产于世界上三个不同的地区。日本李原产于中国。中国的许多品种早在公元5世纪就已经开始栽培，后在记纪时代传入日本。当时，日本人并不怎么吃李子。进入明治时代后，日本李传入美国并被改良，大受欢迎，后于大正时代被重新引入日本。

欧洲李原产于高加索地区，后被引入中东地区。与桃子一样，李也是由亚历山大大帝引入地中海地区的。考古人员曾在新石器时代湖边居民的聚居地发现过一些欧洲本土品种的种子，由此可见，李的栽培历史很悠久。李子虽然个头小，但味道极佳，至今仍被广泛种植。

在欧洲，李子被认为是“守信”的象征，因为如果不仔细修剪枝叶，李子树就不会结果。在英国，李子布丁曾是圣诞节的传统甜点。

欧洲李
Prunus domestica
若姆・圣伊莱尔《法国植物》一书中收录的欧洲李。花朵的描绘尤为精美。➡⑤

李

Prunus salicina

将各个品种通过绝妙的构图描绘在一起。选自魏因曼的《药用植物图谱》。

➡①

杏

【原产地】中国。

【学　名】*Prunus armeniaca*：属名“*Prunus*”源于李的拉丁名。种加词“*armeniaca*”意为“亚美尼亚的”。

【日文名】あんず（杏）：源于中文名的唐音读法。古时也被称为“唐桃”。

【英文名】apricot：最早起源于拉丁语，意为“早熟的李子”。后逐步演变为希腊语、阿拉伯语、法语，最后再由法语演变为现在的英文名。

【中文名】杏：象形文字，指木枝上结出果实。

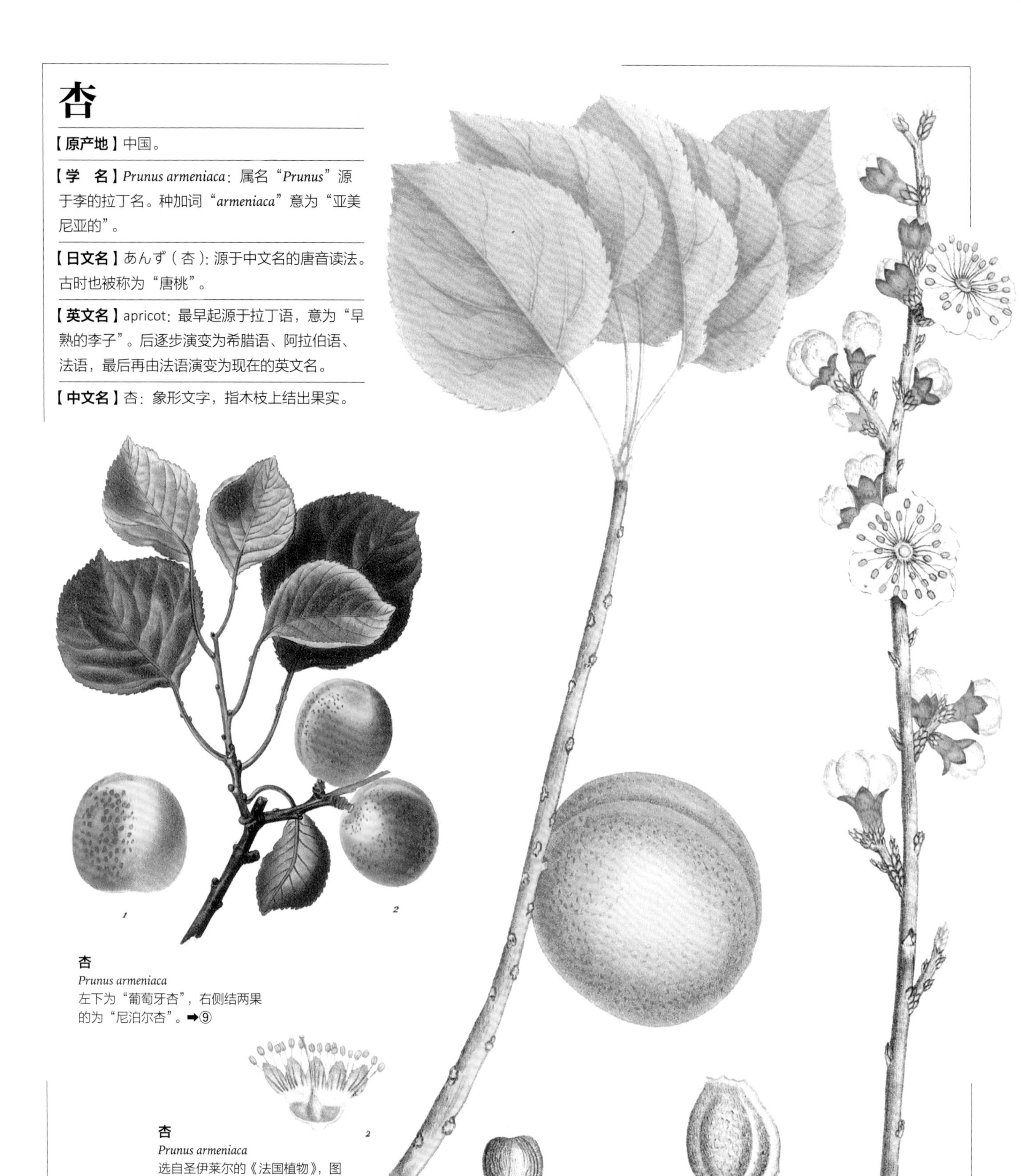

杏
Prunus armeniaca
左下为“葡萄牙杏”，右侧结两果的为“尼泊尔杏”。➡⑨

杏
Prunus armeniaca
选自圣伊莱尔的《法国植物》，图中能看到花开后结的果实。➡⑤

虽然杏的种加词“*armeniaca*”意为“亚美尼亚的”，但它的原产地并非高加索地区，而是中国。在中国，自公元前数千年起，它就被用作药物和食物。

公元前2—前1世纪，杏通过“丝绸之路”进入亚美尼亚，并由亚历山大大帝的远征军带入地中海地区。之后，杏在14世纪传入英国，18世纪传入美国（于18世纪末传入加利福尼亚）。现在，加利福尼亚是世界上最大的杏产地之一。日本最初引入杏是为了将其果核中的子叶用作药物，后来也开始食用它。在埃及，杏是一种重要的贸易品，人们会食用它的果核。另外，杏仁与巴旦木非常相似，外行人很难区分。

梅是杏的近缘品种，二者可以杂交。据说，日本的许多梅品种实际上都是梅与杏的杂交品种。

枇杷

【原产地】中国。

【学　名】*Eriobotrya japonica*：属名"*Eriobotrya*"源于希腊语，由"羊毛"和"茎"这两个词拼合而成。其花茎的底部生有柔软的茸毛。

【日文名】びわ（枇杷）：已有定论说源于乐器琵琶的名字，但也有说法称是因为其叶片或果实的形状与琵琶相似而得名。

【英文名】loquat：由其粤语名演变而来。

【中文名】枇杷：或与日文名语源相同。

枇杷
Eriobotrya japonica
在西博尔德的《日本植物志》一书中，其学名意为"日本的欧楂"。➡④

蔷薇科枇杷属常绿果树。人们一般认为，枇杷原产于中国中南部。早在公元6世纪，中国的《广志》中就记载了枇杷的两个栽培品种。日本的栽培起源尚不明确，但似乎是公元9世纪从中国引进的。在日本平安时代的法典《延喜式》中，枇杷又被称为"比波"。不过，这时的人们并不怎么重视这种植物。

日本现在栽培的品种是19世纪从中国引入长崎的，该地至今仍是日本主要的枇杷产地。当时长崎代官所的一位女官将这个新品种种在了她位于茂木村的家，因此它也被称为"茂木枇杷"。明治时代，日本博物学家田中芳男到该地区旅行时，从茂木枇杷的幼苗中发现了一个新品种，于是他将其带回东京，种在了自己的庭园中，这就是后来的"田中枇杷"。现在，这两个品种占了日本枇杷总产量的90%。

18世纪后，枇杷经由"丝绸之路"进入欧洲，19世纪传入西印度群岛和百慕大群岛。不过，在这些地区，枇杷通常被用作利口酒的原料。

桃

【原产地】中国。

【学　名】*Prunus persica*：属名“*Prunus*”源于李的古拉丁名。种加词“*persica*”，意为“波斯的”。

【日文名】桃（momo）：在古代日本，人们把内部坚硬的圆东西称为“momo”。最先被称为“momo”的是山桃，之后本种从中国引入，取代了山桃的叫法。

【英文名】peach：由种加词“*persica*”演变而来。在古罗马时代，桃子曾被称为“波斯的苹果”。

【中文名】桃：“兆”字在古代指占卜吉凶时灼龟甲所形成的裂纹。桃果有筋，与裂纹相似，因而得名。

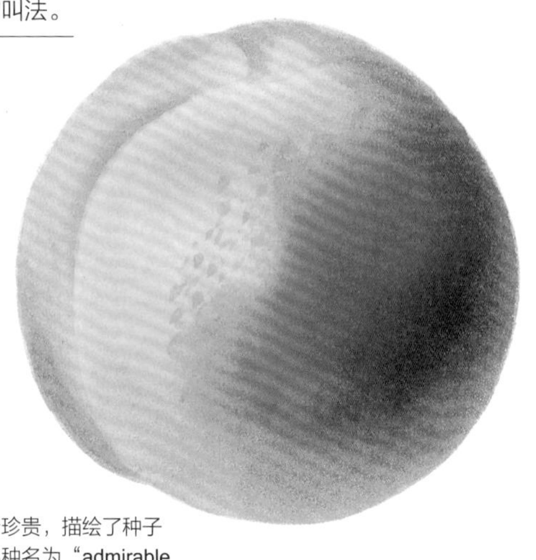

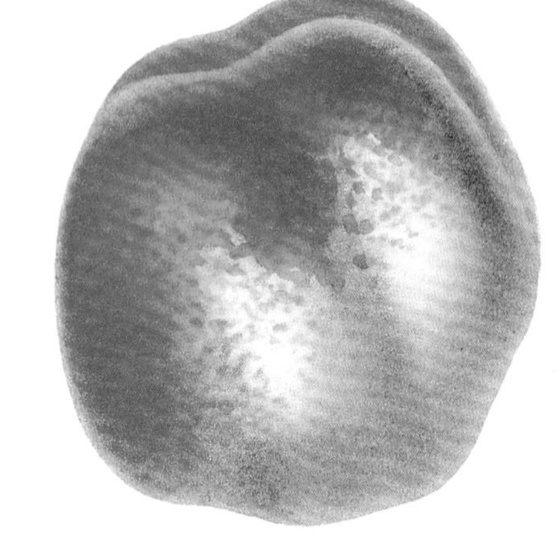

桃
Prunus persica
这幅插图十分珍贵，描绘了种子的表面。该品种名为“admirable jaune”，意为“黄色的美妙之物”。
➡⑨

桃
Prunus persica
与日本的桃子一样，此种的果实有尖端。因为桃子不能重压也不能放置在硬面上太久，所以在江户时代，人们将不擅长骑马的人称为“桃尻”。➡⑨

桃
Prunus persica
品种名依次为：上“guirlande”（优雅的），下“prêle”（木贼）。登峰造极之美，堪称西方果实画的巅峰。由点画笔法绘制的铜版画。
➡⑨

桃原产于中国黄河上游地区，在中国一直被视为“圣果”。相传，西边的昆仑山是诸多天神的居所，而居住在此地的西王母最喜欢的水果就是蟠桃。

在西王母掌管的“蟠桃园”里，有一棵巨大且神奇的桃树，它三千年一开花，六千年一结果。据说，有幸尝到蟠桃的人可以长寿数千年。此外，桃也是南极仙翁和麻姑仙女等神仙的钟爱之物。在中国，正月时装饰在门上的门神也是用桃木雕刻的。

从桃的种加词“*persica*”一词中也能看出，桃是亚历山大大帝从波斯（现今的伊朗）带入欧洲的，作为他远征的纪念品。后来这件事在罗马人之间口口相传。不过，桃并非原产于波斯。

桃在古代时就已传入日本。受中国的影响，日本人认为它可以辟邪，比如日本史书《古事记》中有这样一个传说：八雷神率领魔军追杀至黄泉津比良坂时，父神伊邪那岐将桃子掷向他们，没想到魔军见了桃子一下子溃不成军，四散而逃。

桃

Prunus persica

花、果、核的构造一目了然。选自英国植物学家威廉·胡克的著作《伦敦果实志》。➡⑬

欧洲甜樱桃

【原产地】亚洲西部、欧洲东南部、北非。

【学　名】*Prunus avium*：属名“*Prunus*”源于李的古拉丁名。种加词“*avium*”，原本意为“鸟”。过去曾为此种所属的属名。

【日文名】さくらんぼ（桜坊）：由樱花拟人化后演变而来的词（“坊”在日语中指男人）；西洋実桜：意为欧洲结果实的樱树；桜桃：原指中国樱桃，现主要指本种。

【英文名】sweet cherry：意为“甜樱桃”。“cherry”源于希腊语和拉丁语，据说再远可追溯至阿卡德语中的“坚果”一词。

【中文名】欧洲甜樱桃。

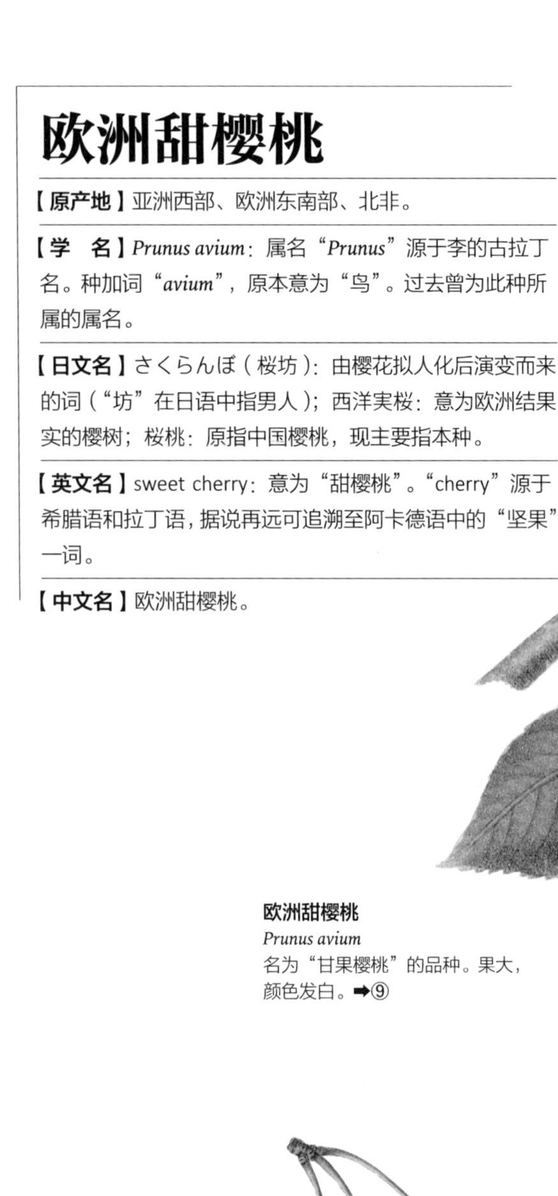

欧洲甜樱桃
Prunus avium
名为“甘果樱桃”的品种。果大，颜色发白。➡⑨

欧洲甜樱桃
Prunus avium
各种欧洲甜樱桃。中间这个是很常见的品种，但结果方式十分奇特。➡⑨

目前西方大规模出产的欧洲甜樱桃基本都原产于哈萨克斯坦。全世界已知的欧洲甜樱桃原种约有20种。日本还有一种原产于中国的樱桃品种——中国樱桃，于江户时代传入，目前仅在日本部分地区作为观赏植物栽培。

现在作为食用的西方樱桃品种早在古希腊时代就已经有记载，但直到文艺复兴时期才开始大规模种植。早期移民将欧洲甜樱桃引入美国，并在18世纪初引入加利福尼亚。

在西方，“樱树”一词通常指的是结樱桃的果树。因此，契诃夫笔下的“樱桃园”实际上是一个果园。樱桃一般被视为春天、纯洁和处女的象征。例如在《圣经》故事中，它被认为是圣母马利亚的圣树。相传，当圣女马利亚向她的丈夫约瑟索要樱桃果实而被拒绝时，树枝弯曲到了她的嘴边，从此樱桃花便被喻为“处女的美丽”，樱桃被喻为“天堂的果实”。另外，英国人还会用樱桃来占卜爱情。

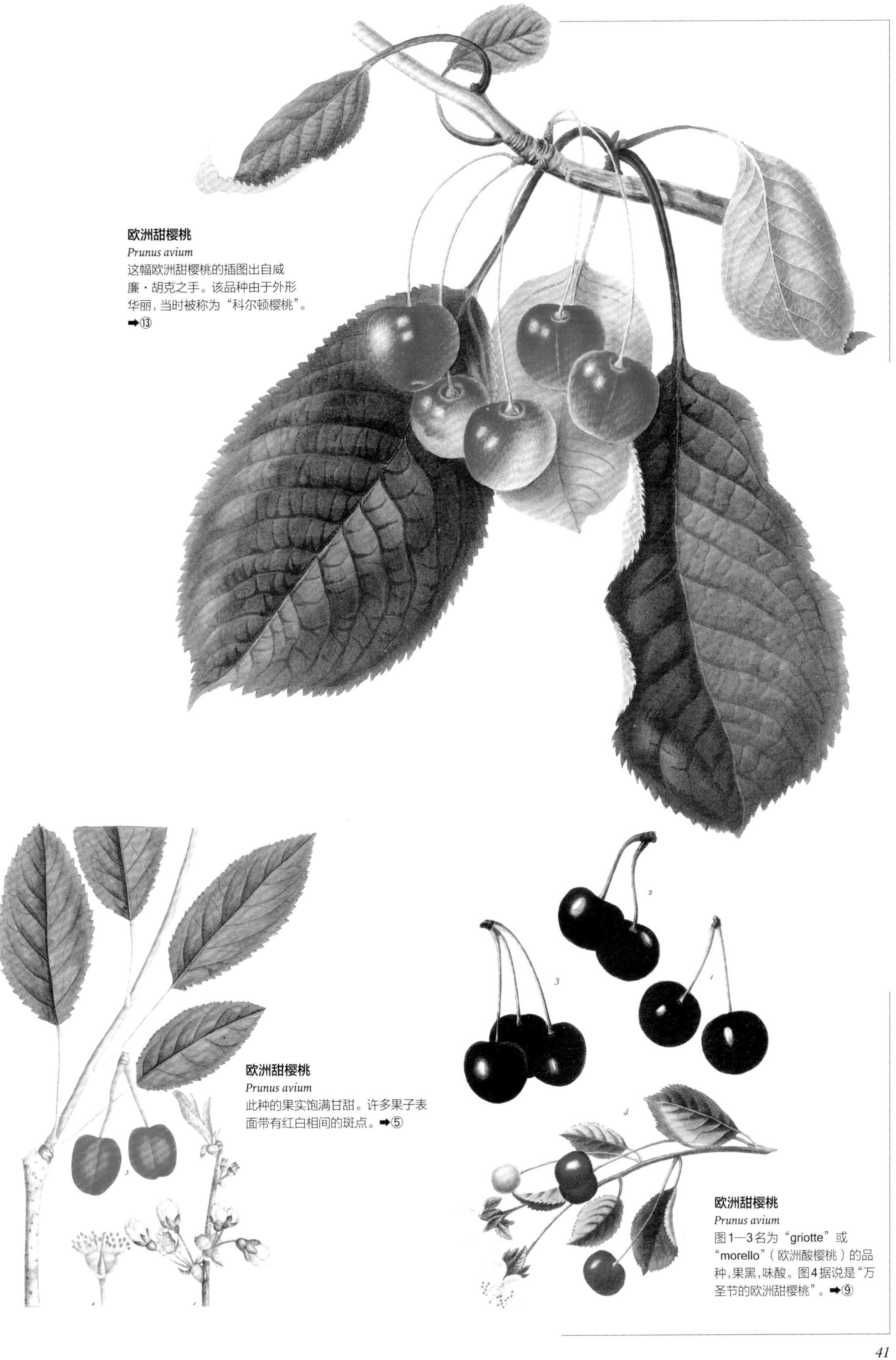

欧洲甜樱桃

Prunus avium

这幅欧洲甜樱桃的插图出自威廉·胡克之手。该品种由于外形华丽，当时被称为“科尔顿樱桃”。➡⑬

欧洲甜樱桃

Prunus avium

此种的果实饱满甘甜。许多果子表面带有红白相间的斑点。➡⑤

欧洲甜樱桃

Prunus avium

图1—3名为“griotte”或“morello”（欧洲酸樱桃）的品种，果黑，味酸。图4据说是“万圣节的欧洲甜樱桃”。➡⑨

茶藨子属

【原产地】北温带地区。

【学　名】*Ribes*：一种说法是其源于大黄的名字，最早来自阿拉伯语，意为“酸的”。也有说法称其来自丹麦语。

【日文名】すぐり（酸塊）：意为“酸的果子”。“塊”在日语中的发音与“圆溜溜的眼睛”发音相似，因此被认为用来指代圆形的东西。

【英文名】currrant：指西洋种的红加仑（又称红茶藨子），原本用来指代去除种子的小葡萄干。源自法语中“科林斯（地名）的葡萄干”一词。或因红加仑与葡萄干外形相似而得名；gooseberry：指西洋种的茶藨子，源于日耳曼语，现在直译为“鹅莓”，在过去意为“卷曲的、圆形的团块”。

【中文名】茶藨子。

欧洲醋栗
Ribes uva-crispa subsp. *uva-crispa*
与茶藨子的原种圆茶藨子（*Ribes uva-crispa* var.*uva-crispa*）接近的品种。➡⑨

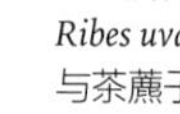

茶藨子科果树广泛分布于北半球。与木莓一样，它是欧美人生活中不可或缺的小水果。日本也有同属的原生种，但比起直接食用，更适合用于加工食材，因此对喜欢吃新鲜水果的日本人来说，茶藨子并不常见。

地中海地区盛产各种水果，但茶藨子在北欧反而更受欢迎。英国人会用茶藨子制作蛋糕，它也是圣灵降临节的传统甜点之一。据说，只要在每年的这个时候吃茶藨子蛋糕，就不会变成傻瓜。茶藨子在过去也曾被用于治疗炎症，因此又被称为“炎症之果”。还有一句俗语与它有关，即“当醋栗”（类似于中国人常说的“当电灯泡”），指男女谈恋爱时碍手碍脚的第三者。约翰·杰拉德的《杰拉尔德本草书》一书中记载，茶藨子可以用来煮肉。北欧茶藨子的栽培历史始于13世纪，19世纪在英国蓬勃发展，曾一度多达700个品种。不过，自从白粉病从美国传入欧洲后，这种植物的数量便迅速减少。

枣

【原产地】欧洲南部、亚洲西南部。

【学　名】*Ziziphus jujuba*：属名“*Ziziphus*”的起源有多种说法，如埃及语、希腊语、阿拉伯语等。其中最直接的是源于19世纪英国一种名为“jujube”（枣味软糖）的甜食。

【日文名】棗（natsume）：与“夏芽”（natsume）发音相同。出芽晚，进入初夏后才发芽，因而得名。

【英文名】jujube：与属名起源相同。

【中文名】枣。

枣
Ziziphus jujuba
原产于叙利亚。据老普林尼描述，枣于奥古斯都统治时期传入意大利。与东方世界的枣为同种，但不是阿拉伯枣（*Ziziphus lotus*）。
➡⑥

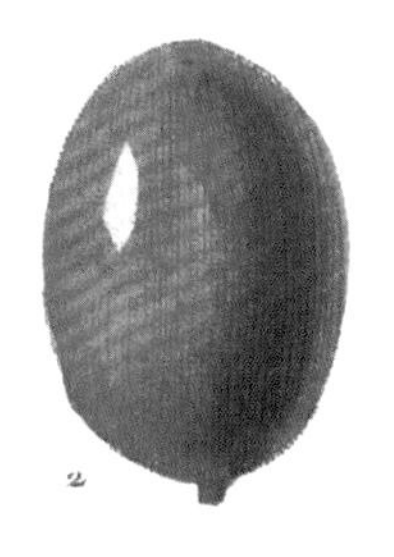

枣与桃、栗、杏、李并称为“中国五果”。它被奉为药王，还被用作粽子等糕点的配料。

公元6世纪中国的农学著作《齐民要术》详细描述了这种植物的栽培方法和用途。它的果实可以直接食用，或者制成枣丁，果核可作为滋补品入药。枣果还被认为是一种与神仙有关的果实，常常作为象征意象出现在众神聚会的场景中。此外，人们还会用枣树木制作占卜工具，特别是用被闪电劈开的枣树制作的罗盘，据说最能传达神灵的旨意。

枣于公元8世纪传入日本，《万叶集》的一首和歌中就提到过它。在大和地区的古代遗迹中，人们曾多次发现这种植物的种子。

欧洲人早在古希腊时代就已经开始栽培枣树，它们与中国种为同属，但种加词是“*Rotus*”（希腊的），如今地中海沿岸仍有栽培。一般认为，希腊神话中的食莲人吃的是莲花，不过也有人说他们吃的其实是枣。

悬钩子属

【原产地】主要在北温带地区。

【学　名】*Rubus*：属名源于该植物的古拉丁名，意为“红色的”。因结红色果实而得名。

【日文名】きいちご（木苺、黄苺）：意为“木本莓”和“黄色莓”。

【英文名】bramble：源于日耳曼语，原意为“带刺的植物”；raspberry：意为“（有划痕的）树莓”。

【中文名】悬钩子。

覆盆子
Rubus idaeus
图中的品种分别为：1. 红色覆盆莓；2. 两个季节；3. 肉色。这些精美绝伦的插图充分展现了装订彩印铜版画的细致。➡⑨

覆盆子
Rubus idaeus
在胡克的《伦敦果实志》中，其被命名为“黄色的安特卫普品种树莓”。➡⑬

覆盆子可以粗略地分成两大类：树莓和黑莓。它们都属于蔷薇科悬钩子属，主要用于制作果酱和果汁。树莓最早于16世纪初由欧洲的修道士栽培，黑莓19世纪由美国引种到太平洋各洲。

“树莓”这一物种的种加词起源于希腊神话中的伊达山，传说是那里孕育了树莓。特洛伊国王普里阿摩斯的儿子帕里斯就是在这里将阿佛洛狄忒评为“世上最美丽的女人”。早期的草药学家认为，树莓的果实可以治疗胃病，叶子可以缓解痛经和分娩时的疼痛。

在英国，据说黑莓可以治疗儿童的早老性白发病，但吃多了会影响精神状态。民间还有一种说法，即每年的10月10日，魔鬼会往这种果子上吐口水，因此这一天之后便不能再食用它。另外，在基督教的传说中，基督的荆棘冠就是用这种灌木制作的。

草莓属

【原产地】欧洲、美洲、智利。

【学　名】*Fragaria*：属名源自其拉丁名“fraga”，原词有“芬芳”之意。

【日文名】莓（いちご）：“いちびこ”的简称，语源不详。

【英文名】strawberry：意为“麦秆莓”。据说，人们会在果实下面铺上保护用的麦秆，但这种栽培方法直到近代才出现，也有人说是它的藤蔓总是到处爬（古英语“streo”意为“被散落或撒播的东西”）的缘故。

【中文名】草莓：或为与木莓相对的词汇。

草莓
Fragaria × ananassa
原图记载其为“猛犸草莓”。这一优良品种由欧洲本土的野草莓与美洲种杂交而成。➡⑳

草莓属

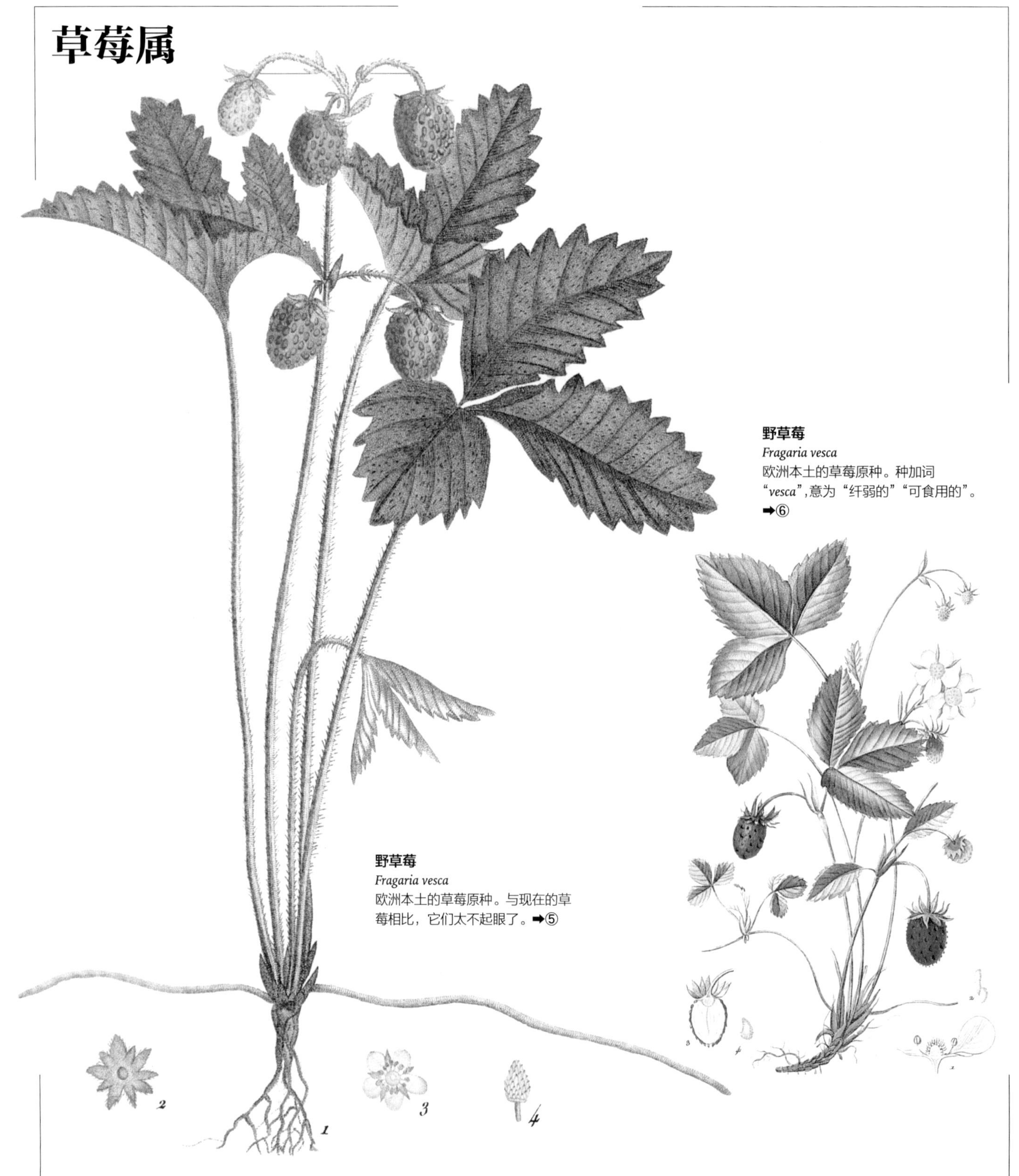

野草莓
Fragaria vesca
欧洲本土的草莓原种。与现在的草莓相比，它们太不起眼了。➡⑤

野草莓
Fragaria vesca
欧洲本土的草莓原种。种加词“*vesca*”,意为“纤弱的”“可食用的”。
➡⑥

草莓是蔷薇科多年生草本植物，分布于世界各地，自古以来就深受人们的喜爱。不过，如今种植的草莓主要为两大品系，均原产于美洲大陆。

一种是自带芳香的弗吉尼亚草莓（也称野草莓）。这种草莓原产于北美洲，1629年传入英国。另一种是大粒的智利草莓，原产于太平洋沿岸，1715年被引入法国。欧洲也曾栽培过本地的小果——野草莓。18世纪，荷兰人将这种野草莓与上述新大陆的两种草莓进行杂交，培育出了我们今天所熟知的草莓品种。

在此之前，这些本地品种一直被北欧人视为圣果，用来供奉“众神之母”弗丽嘉。在北欧神话中，弗丽嘉把草莓喂给她死去的孩子，并把他们藏在灌木丛中，然后再偷偷地把他们送上天国。而在基督教的传说中，“弗丽嘉”这一角色则变成了圣母马利亚，草莓也变为“圣母之果”。这些神话都源于一个古老的信仰——红色的食物是属于死者的。

在基督教中，草莓还象征着“正义”。即使周遭长满杂草，它也能结出美味的果实，仿佛一个尽职尽责的正义之士。

葡萄属

【原产地】西亚西部。

【学　名】*Vitis*：属名源于其古拉丁名。原词有“生命”“缠绕”之意。

【日文名】ぶどう（葡萄）：源于中文名。

【英文名】vine：源于古代中东语言里意指“葡萄酒”的词；grape：源于日耳曼语，最初意为“用钩子采摘”，逐渐演变为“葡萄串”之意，最后变成现在的“葡萄”或“葡萄树”之意。

【中文名】葡萄。

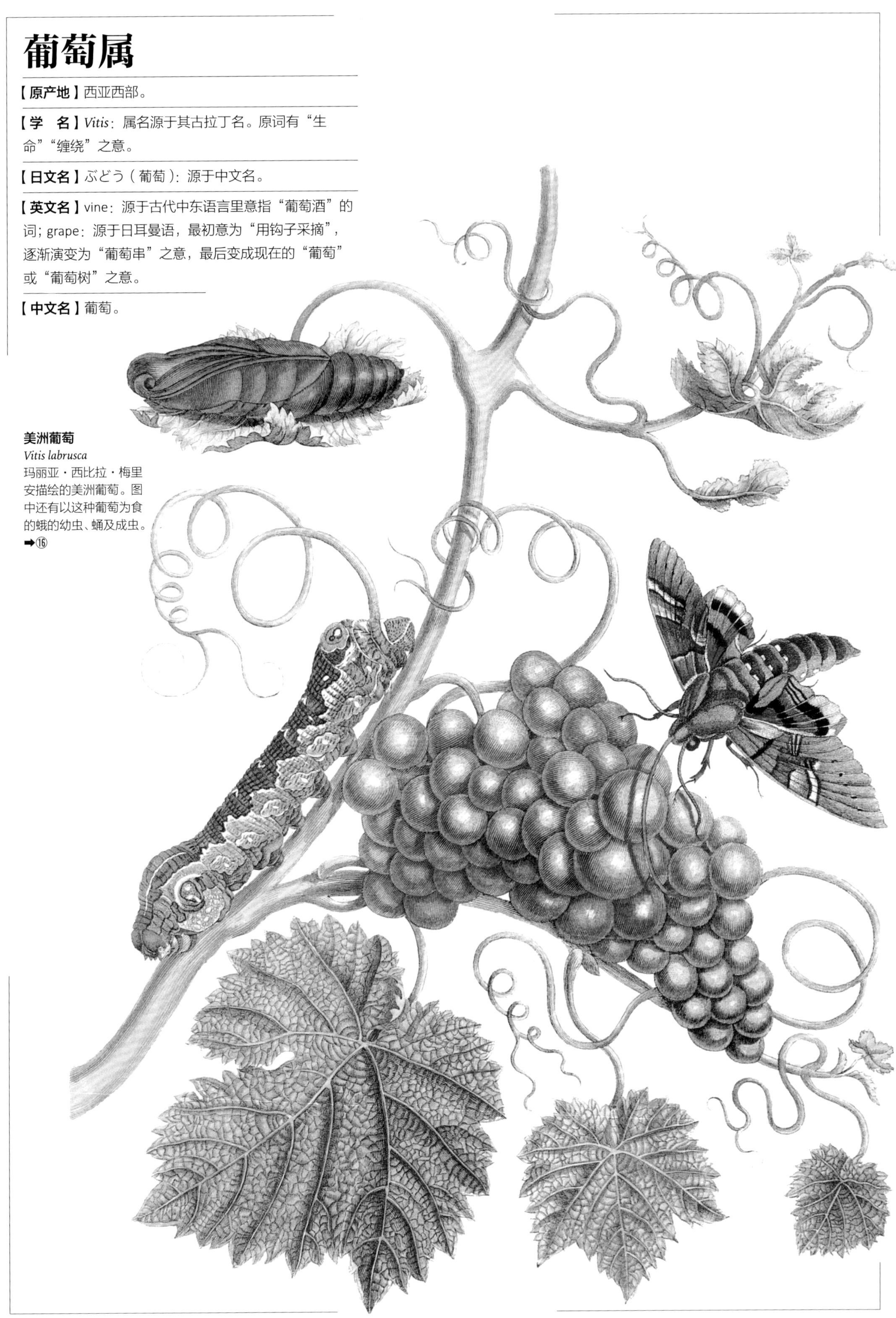

美洲葡萄
Vitis labrusca
玛丽亚・西比拉・梅里安描绘的美洲葡萄。图中还有以这种葡萄为食的蛾的幼虫、蛹及成虫。➡⑯

葡萄属

葡萄
Vitis vinifera
一种白葡萄品种，名为“莎斯拉”（Chasselas），是法国方丹地区的特产。➡⑨

葡萄
Vitis vinifera
Cornichon（意为“小黄瓜”）种及其白色系品种。果实形状十分有趣。➡⑨

葡萄
Vitis vinifera
紫色的麝香葡萄（Muscat）。这幅插图生动刻画了其极具特色的大叶子。➡⑨

葡萄自古以来就被人们所熟知，其用途十分广泛，果实可鲜食、酿酒或加工成果汁、果酱等。在西欧，它与蔷薇一样具有多种象征意义。

在古埃及，它被供奉给奥西里斯。在古希腊，它被供奉给狄俄尼索斯，甚至连希腊的神庙中也装饰着葡萄藤。在古罗马，葡萄象征着“温暖的家”，葡萄园是“逃亡之地”的象征。在《圣经 · 旧约》中，由于诺亚从方舟下船后开辟了一个葡萄园，所以葡萄也象征着“生命与丰收”“欢乐与庆典”。葡萄园还象征着“上帝的仁慈”，因为摩西曾下令将未采摘或掉落的葡萄分发给穷人。另外，摩西派往迦南的人带回了葡萄串，因此葡萄也是“应许之地”的象征。

在基督教中，葡萄酒象征着基督的鲜血，希波的奥古斯丁（Augustine of Hippo）认为，压榨机上的葡萄串和耶稣受难时所受的钉刑相似，因此它被视为象征性的图像。羊羔和葡萄串的组合代表“牺牲”，而从葡萄串中伸出的麦穗则象征着“圣餐仪式”。

葡萄
Vitis vinifera
品种名为“加尔默罗会的葡萄”。这幅精美的插图由胡克绘制。
➡⑬

葡萄
Vitis vinifera
此品种为“Morillon Panaché”（莫瑞兰·帕纳凯），其果实与茶藨子的果实相似。➡⑨

无花果

【原产地】阿拉伯半岛南部。

【学　名】*Ficus carica*：属名“*Ficus*”源于其古拉丁名。

【日文名】無花果（与日文“一熟”发音相同）：民间传说是其果实一天成熟一个，因而得名，真实语源不详。汉字写法来自其中文名。

【英文名】fig：由其拉丁名演变而来。

【中文名】无花果：其花序为隐头花序，花朵并不显现，只能看见其果实，因而得名。

无花果
Ficus carica
从果实的剖面图和下方小插图能看出其结果方式。➡⑥

桑科果树。据说，无花果原产于阿拉伯半岛，古代传至地中海沿岸。在古代的地中海地区，无花果是一种价值连城的重要食物。无花果是阿提卡地区的特产，波斯帝国国王薛西斯一世（Xerxes）曾向这片无花果种植地发动战争，但在萨拉米斯海战中被击败，其计划最终落空。人们认为无花果能增强人的体力和腿部力量，因此，古代的竞技者只吃无花果。希腊的法律规定，禁止将希腊的优质无花果出口到国外。然而，走私活动屡禁不止，为此，希腊甚至建立了专门的检举制度来加以管制。

现在，人们通常认为亚当在伊甸园里偷吃的禁果是苹果，但在过去，有人认为它其实是无花果。原因是亚当为自己的裸体感到羞耻时，用无花果叶遮住了下体。无独有偶，据说此时夏娃也用葡萄叶遮住了自己的隐私部位。因此，无花果又被视为欲望的象征。在《圣经·新约》中，不结果的无花果象征着“不毛之地”，并在后世成为犹太会堂的象征。

荔枝

【原产地】中国南部。

【学　名】*Litchi chinensis*：属名“*Litchi*”源于其中文名。

【日文名】れいし（荔枝）：源于其中文名。

【英文名】litchi、lychee：均源于其中文名。

【中文名】荔枝。

荔枝
Litchi chinensis
创作于江户时代的珍贵插图。据说荔枝是从当时的琉球传入日本的。➡⑩

无患子科果树。目前尚未发现野生品种。在中国，它与龙眼一起被视为南方的特产水果。荔枝是杨贵妃的最爱，其中最有名的莫过于唐玄宗曾命人骑着快马将荔枝从几千里外的南方送到京城（长安）的故事。在民间传说中，杨贵妃因为吃了太多荔枝而患上了蛀牙，她牙齿隐隐作痛时的脸庞反而显得更加妩媚诱人了，迷得唐玄宗越发地疏于政务。

荔枝通“立子”，有多子多孙之意，因此在中国，它常常被用来象征夫妻或男女永结同心和子孙绵延的美好愿望。它的果实还被视作传情之物。此外，荔枝有时还被比喻为中国传统的选才取士考试，即“科举”中的状元。在过去，当新生儿出生后第三天第一次洗澡时，产婆会往澡盆中投入荔枝和龙眼，并用“连中三元”（荔枝、龙眼、胡桃这三种圆形的果子，寓意中国科举三场考试的第一名“解元、会元、状元”）向新生儿表示祝福。

木通属

【原产地】 日本。

【学　名】 *Akebia*：属名由其日文名演变而来。

【日文名】 あけび（akebi）：语源有诸多说法，一般均认为与其呈裂开状的果实有关。

【英文名】 akebi：源于其日文名。

【中文名】 木通。

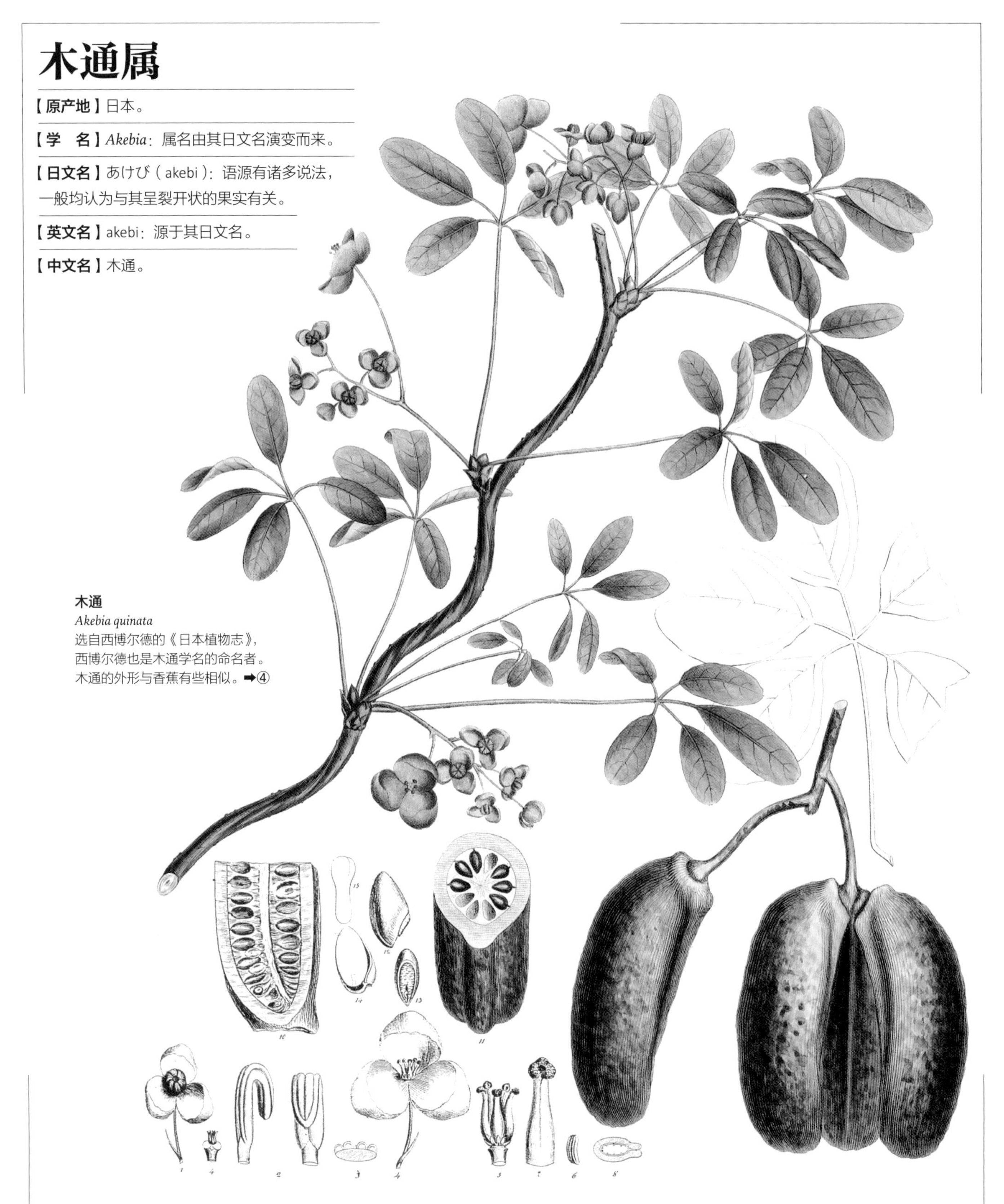

木通
Akebia quinata
选自西博尔德的《日本植物志》，西博尔德也是木通学名的命名者。木通的外形与香蕉有些相似。➡④

木通的果实成熟时会裂开，棉花状的果肉包裹着里面黑色的种子，味道甘甜，可以直接食用。每颗果实里面有150～180粒三角形的种子，这大大地影响了食用时的口感，因此没有被作为水果大量种植。在许多地区，人们会食用它的果皮——用油翻炒。果皮有时也被制成蜜饯。其嫩叶和嫩枝在雪域地区被称为“山菜”，常常与芝麻拌在一起做成凉菜。在过去，人们还用它的果实榨油。

木通科大家庭中还有许多实用品种。日本木通的藤蔓坚韧，剥皮后可制成椅子和篮子等物品。果实不开裂的日本野木瓜（*Stauntonia hexaphylla*）可用于酿造果酒。在中药里，本类植物干燥的茎被称为“木通”，可作为汤药，用于治疗肾炎、尿道炎和膀胱炎等疾病。

木通的古名为“山女”或“山姬”。关于这个词的由来有多种说法，其中一种说法认为，其果实开裂的形状类似女性生殖器，因而得此名。

莽吉柿

【原产地】马鲁古。

【学　名】*Garcinia mangostana*：属名“*Garcini*”源于法国植物学家劳伦特·加尔桑（Laurent Garcin）博士的名字，他曾在印度进行博物探险。

【日文名】まんごすちん：英文名的音译。

【英文名】mangosteen：源于其马来名“manggustan”，经误传后演变而来。

【中文名】莽吉柿，俗名山竹、倒捻子。

莽吉柿
Garcinia mangostana
莽吉柿与榴梿并称为“热带果后”。栽培难度极高。➡⑭

藤黄科藤黄属常绿果树，被称为“热带果后”。其果皮呈茄紫色，形态类似小粒的柿子。用小刀将果皮割开一道口子，然后轻轻向两边扭转，就能看见里面像棉花糖一样的乳白色果肉，这些果肉的排列方式与橘子十分相似。

这种植物仅生长在热带地区，保鲜时间不超过7天。因此，即便是大英帝国鼎盛时期统领七大洋的维多利亚女王最终也没能品尝到它的美味。现在，日本也能买到冷冻的莽吉柿，但据说其味道与新鲜的莽吉柿相去甚远。

这种植物的幼苗种下后要生长15年以上才能结果，栽培难度极高，因此市面上很大一部分莽吉柿其实是从野生树上采摘的。

红毛丹

【原产地】马来半岛。

【学　名】*Nephelium lappaceum*：属名“*Nephelium*”源于希腊语，意为“小小的云朵”。又有一说，其源于与牛蒡相似的植物的名字。

【日文名】らんぶーたん：源于其英文名。

【英文名】rambutan：源于其马来名。在马来语中为“毛茸茸的物体”之意。

【中文名】红毛丹。

红毛丹
Nephelium lappaceum
从这幅插图中能看出，该植物的特征是果实被茸毛。不过，现实中的茸毛更加粗硬。➡⑭

无患子科韶子属常绿乔木。红毛丹是荔枝和龙眼的近缘品种，结出的果实被茸毛覆盖，十分奇特。果实可制成果酱或糖浆。红毛丹口感清爽，味道与荔枝相似，但其果肉与果核总是难以分离，这也是红毛丹最大的缺点。最新的爪哇品种改良了这一点，果肉与果核之间的粘连变得不再那么紧密。

红毛丹原产于马来半岛，在马来西亚、新加坡等地被广泛栽培。古代的阿拉伯人还把它们移植到印度洋的毛里求斯岛、马达加斯加岛以及东非的桑给巴尔岛，甚至连夏威夷和美洲的热带地区也有栽培。令人意外的是，尽管邻近这些地区的印度和斯里兰卡种植着大量荔枝，但与荔枝相似的红毛丹却备受冷落。有人说红毛丹的种子苦涩有毒，但它含有37%的脂肪，可用于制作肥皂。

番木瓜

【原产地】中美洲。

【学　名】*Carica papaya*：属名“*Carica*”源于小亚细亚半岛西南的卡利亚（土耳其）地区产的无花果的名字。因二者果实及叶片相似而得名。

【日文名】パパイヤ（papaiya）：源于其英文名。

【英文名】papaya、pawpaw、papaw：均为其加勒比名的误传。

【中文名】番木瓜。

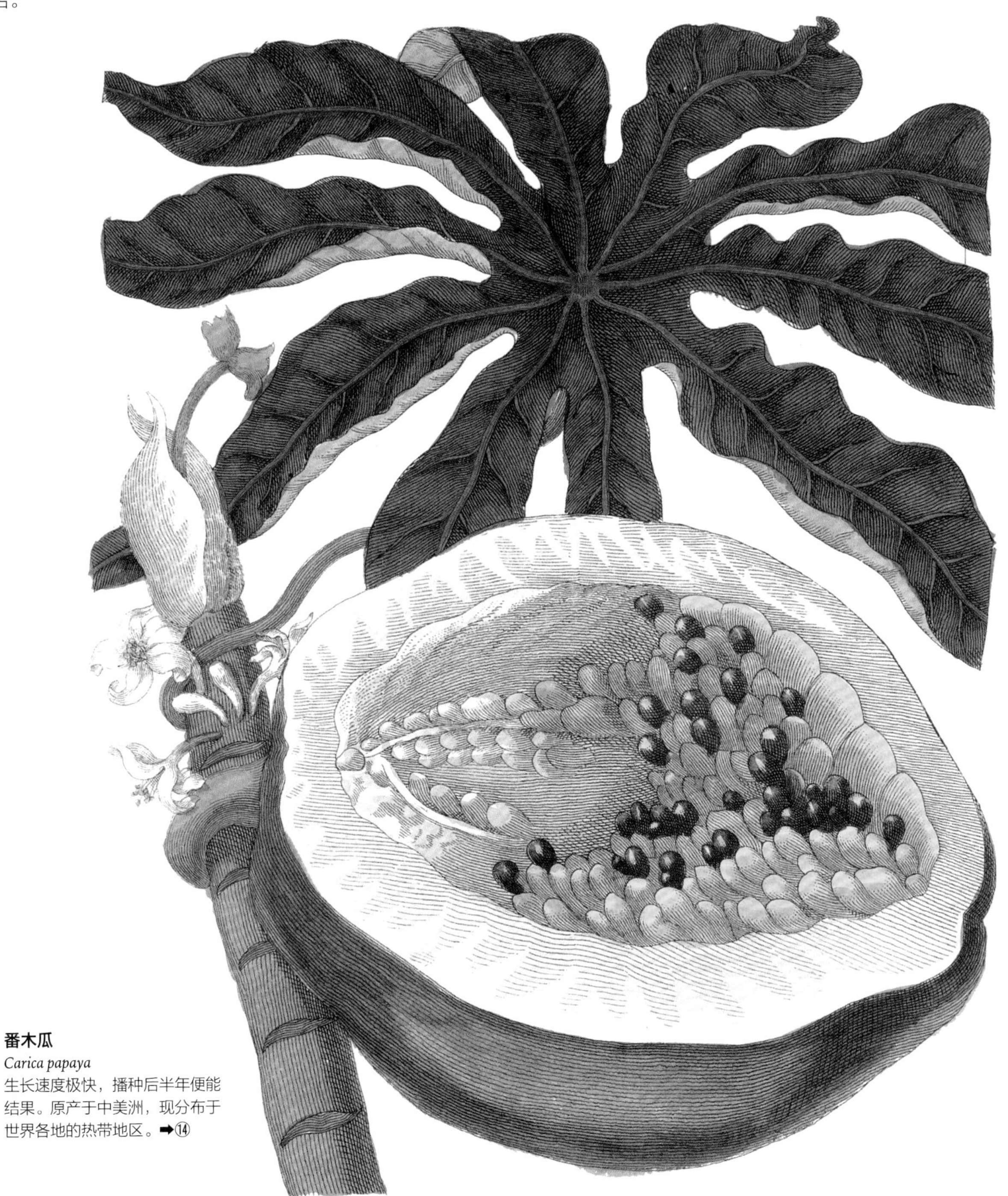

番木瓜
Carica papaya
生长速度极快，播种后半年便能结果。原产于中美洲，现分布于世界各地的热带地区。➡⑭

番木瓜科番木瓜属的常绿软木质小乔木。幼龄树的树干内部中空，组织柔软，因此通常被称为“伪装成树的草本植物”。

其果实构造与蓝花西番莲（*Passiflora caerulea*）相似，与葫芦科植物也有密切的亲缘关系。在东南亚，人们将未成熟的青木瓜当作蔬菜食用，烹饪方法与冬瓜和马爬瓜完全相似。在日本冲绳，人们用味噌或米糠腌制它，做成酱菜。

番木瓜中含有一种名为木瓜蛋白酶的蛋白水解酶。据说，用番木瓜叶包裹肉类并放置数小时，可以软化肉类并增加其风味。木瓜蛋白酶还可以水解啤酒中的蛋白质，避免冷藏后引起的浑浊。

实蝇是热带水果的最大敌人之一。当它们在番木瓜果实中产卵时，木瓜蛋白酶会溶解实蝇的产卵管。基于这种特性，菲律宾人用它来治疗瘊子和鸡眼。

海枣

【原产地】阿拉伯半岛、非洲（包括马达加斯加群岛）。

【学　名】*Phoenix dactylifera*：属名“*Phoenix*”源于其古希腊名。古希腊哲学家泰奥弗拉斯托斯（Theophrastus）曾使用过该名称。有关其语源，有来自“腓尼基人”和“不死鸟”这两种说法，但均无确切定论。

【日文名】なつめやし（棗椰子）：意为“结果形似枣子的椰子树”。

【英文名】date palm：“date”一词由其古希腊名“daktylos”演变而来，最早源于产海枣的阿拉伯的一个地名，意为“手指”。根据民间词源学的说法，其果实形似手指，因而得名。

【中文名】海枣。

海枣
Phoenix dactylifera
在描绘海枣树的画作中，总会伴随着这样古雅的背景。➡⑥

海枣
Phoenix dactylifera
造型如铃铛般的黄色果实十分有趣。➡⑥

棕榈科植物，与加那利海枣（*Phoenix canariensis*）关系密切。据说，海枣起源于美索不达米亚，是为数不多的可作为主食的果实之一，现在仍是阿拉伯乡村和沙漠地区的主要食物。海枣干是沙漠旅行者必备的随身物品，据说，现在绿洲周边生长的许多棕榈树都是商队丢弃的种子繁衍的。因此，在阿拉伯世界，海枣是财富的象征，也是“生命之树”的代表。

古埃及人非常喜欢这种常绿植物，并称它为“年历树”，因为它每个月都会长出一片新叶。犹太人认为它是胜利的象征，可能是因为它的叶片很大，容易让人联想到旺盛的生命力。这一构想在希腊和罗马传承了下来，例如在奥林匹克运动会和角斗场上，由棕榈叶编织的圆环和王冠均被视为胜利的象征。据说罗马军队在征战时，会将棕榈叶高举在队列的最前方。在基督教中，它是“战胜死亡”的象征，经常被用来装饰古代基督教徒的地下墓穴。它也是朝圣的象征。

芭蕉属

【原产地】印度、东南亚、太平洋沿岸。

【学　名】*Musa*：属名源于罗马开国皇帝奥古斯都的御医安东尼·穆萨（Antonius Musa）的名字。

【日文名】ばなな（banana）：源于其英文名。

【英文名】banana：源于刚果的一个地名。plantain：一种用于烹饪的大蕉，源于加勒比的地名。

【中文名】芭蕉。

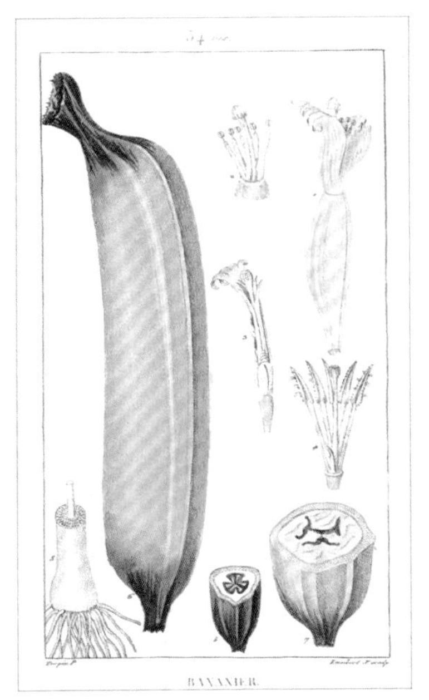

大蕉
Musa × paradisiaca
选自弗朗索瓦-皮埃尔·肖默东编著的《药用植物事典》，这幅插图展现了大蕉的整个结果过程。➡⑥

小果野蕉
Musa acuminata
香蕉树乍看起来像树，但没有茎。看似茎的部分其实是由重叠的叶子构成的假茎。➡①

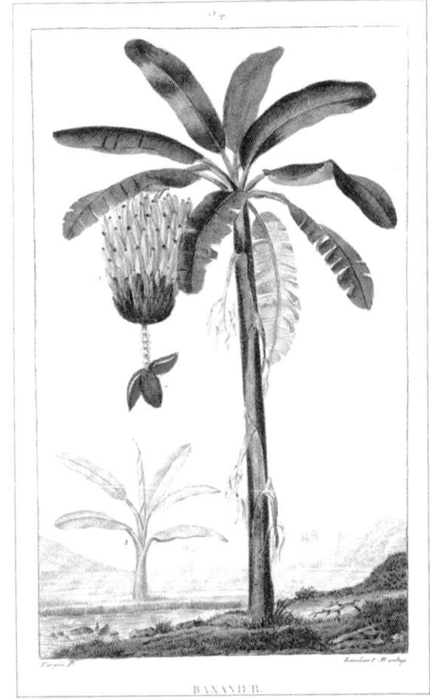

大蕉
Musa × paradisiaca
在欧洲人的印象中，芭蕉和椰子树一样，都是会让人联想到南方的植物。➡⑥

食用香蕉据说起源于马来西亚，在古代从其发源地传入印度。大约5000年前，人们从原始品种中培育出一种特殊的无籽品种，也就是我们今天所熟知的香蕉，而在此之前，食用香蕉的选育经历了十分漫长的过程。有一种说法认为，古埃及的雕塑上描绘有香蕉的图案，但那似乎是原产于非洲的另一种不可食用的品种。

据说，香蕉是由亚历山大大帝引入地中海的。公元5世纪前后，香蕉从印度尼西亚传入马达加斯加，并进一步在非洲大陆传播。15世纪，欧洲人在几内亚湾发现了香蕉，并于16世纪经由加那利群岛引入美洲。现在，巴西和墨西哥是世界上最大的香蕉生产国。在过去的欧洲，香蕉曾被称为“亚当的无花果”或“乐园的苹果”。这是因为香蕉长着蛇颈般的长长花穗，于是人们便将其比作伊甸园中的智慧树。不过，没有证据表明古代中东地区种植过香蕉。

凤梨属

【原产地】热带美洲。

【学　名】*Ananas*：属名“*Ananas*”源于南美洲的地名。

【日文名】ぱいなっぷる：英文名的音译。

【英文名】pineapple：意为“松果苹果”。因二者果实形态极其相似而得名。

【中文名】凤梨：俗名菠萝。

凤梨

Ananas comosus

第一个详细描述这种果实的西方人是女性昆虫学家玛丽亚·西比拉·梅里安。这幅画作细致地描绘了各类昆虫被甘甜的果香吸引而来的景象，犹如童话般美好。

➡⑯

凤梨
Ananas comosus
凤梨于江户时代传入日本。通过这幅画作可以看出，日本本草学家马场大助对凤梨表皮结构的观察细致入微。➡⑥

凤梨科凤梨属植物，原产于新大陆。在欧洲人到达新大陆之前，那里已经培育出了改良后的无籽栽培品种，并在新大陆各地广泛传播。哥伦布第二次航行时在西印度群岛发现了这种水果，并将其带回了西班牙。植物本体也于1513年被带入西班牙，然后在16世纪被进一步移植到亚洲和非洲的热带地区。不过，直到19世纪，这种植物才传入夏威夷，现在夏威夷是世界上最大的凤梨产地之一。

17—18世纪，欧洲上流社会对凤梨尤为珍视。原本它的叶子边缘有刺，但在19世纪，人们发现了一种没有刺的变异种，于是世界各地开始广泛栽培这一品种。由于鲜果不便于保存，所以直到19世纪人们成功制作出水果罐头，它才得以在世界各地普及开来。为了更方便制作罐头，人们对许多水果进行了改良，因此现在的许多水果才会呈圆柱形。

凤梨
Ananas comosus
凤梨在过去曾是奢侈品。在这幅画作中，我们能看到果实的叶缘带刺。➡⑥

甜瓜

【原产地】几内亚。

【学　名】*Cucumis melo*：属名“*Cucumis*”源于黄瓜的拉丁古名，原意与“锅”有关。种加词“*melo*”在古拉丁语中意为“苹果”，之后演变为甜瓜。

【日文名】めろん（meron）：由其英文名音译而来。

【英文名】melon：由种加词演变而来。

【中文名】甜瓜 。

甜瓜
Cucumis melo
麝香甜瓜，主要栽培在南欧地区。表皮厚且硬，瓜皮有网纹。➡⑥

甜瓜
Cucumis melo
温室甜瓜是网纹甜瓜中的代表品种，英国于16世纪开始栽培。➡①

葫芦科黄瓜属一年生攀援草本植物。在古代，甜瓜从其原产地（非洲的尼日尔河沿岸）传入埃及，最初结的果实只有鹌鹑蛋般大小。它还被引入希腊和罗马，但种植规模不大。

文艺复兴时期，新引进的埃及网纹瓜在南欧发展起来，并传播至阿尔卑斯山以北的国家和西班牙。英国是最先在温室里栽种甜瓜的国家，由此发展出“温室甜瓜”这一品种。露天种植的甜瓜于16世纪初传入美国。现在，美国是世界上最大的甜瓜产地之一。

另外，香瓜（*Cucumis melo* var. *makuwa*）是从古代传入印度的甜瓜中分化出来的，并传入中国、朝鲜和日本。中国栽培它的历史极为悠久，早在公元前的词典《尔雅》中就有记载。香瓜在弥生时代（公元前300—公元300年）传入日本，登吕遗址中曾出土过它的种子。不过，直到明治时代之后，甜瓜才被正式引入日本，近年来被广泛种植，但由于其他甜瓜品种的出现，其种植规模现已大幅缩减。

马瓟瓜

【原产地】中国东南沿海及东南亚热带地区。

【学　名】*Cucumis melo* var. *agrestis*：属名“*Cucumis*”源于黄瓜的古拉丁名。种加词“*melo*”在古拉丁语中意为“苹果”。变种名“*agrestis*”的异名“*conomon*”由卡尔·彼得·通贝里（Carl Peter Tunberg）命名，源于日语中“腌菜”一词。因其被用于制作腌菜而得名。

【日文名】しろうり（白瓜）：意为“白色的香瓜”。

【英文名】oriental pickling melon：意为“东方用于腌渍的甜瓜”。具体请参照学名由来。

【中文名】马瓟瓜：俗名马泡瓜。

马瓟瓜
Cucumis melo var. *agrestis*
这种表面带条纹的瓜也是马瓟瓜，有时也被称为缟瓜。➡⑩

葫芦科黄瓜属一年生攀援草本植物。与香瓜一样，它也是甜瓜的一个品种。甜瓜从非洲几内亚经由中东传入印度，并在那里分化成香瓜。在此基础上，香瓜又进一步分化出一个变种，即马瓟瓜。它沿着海岸线向南，经由东南亚传入中国南部，所以又被称为“越瓜”。不过，由于它几乎没有甜味和香味，所以通常被人们当作蔬菜，而不是水果。

马瓟瓜的果实呈圆柱形，长20 ~ 30厘米，果皮通常为青白色，没有条纹。中国人曾将它的形状比作女子的手肘或羊角。

马瓟瓜于奈良时代至平安时代初期传入日本，和黄瓜一样，可以用盐抓拌后生吃，也可以制成腌菜。在日本，马瓟瓜现在几乎只用于制作奈良酱菜。

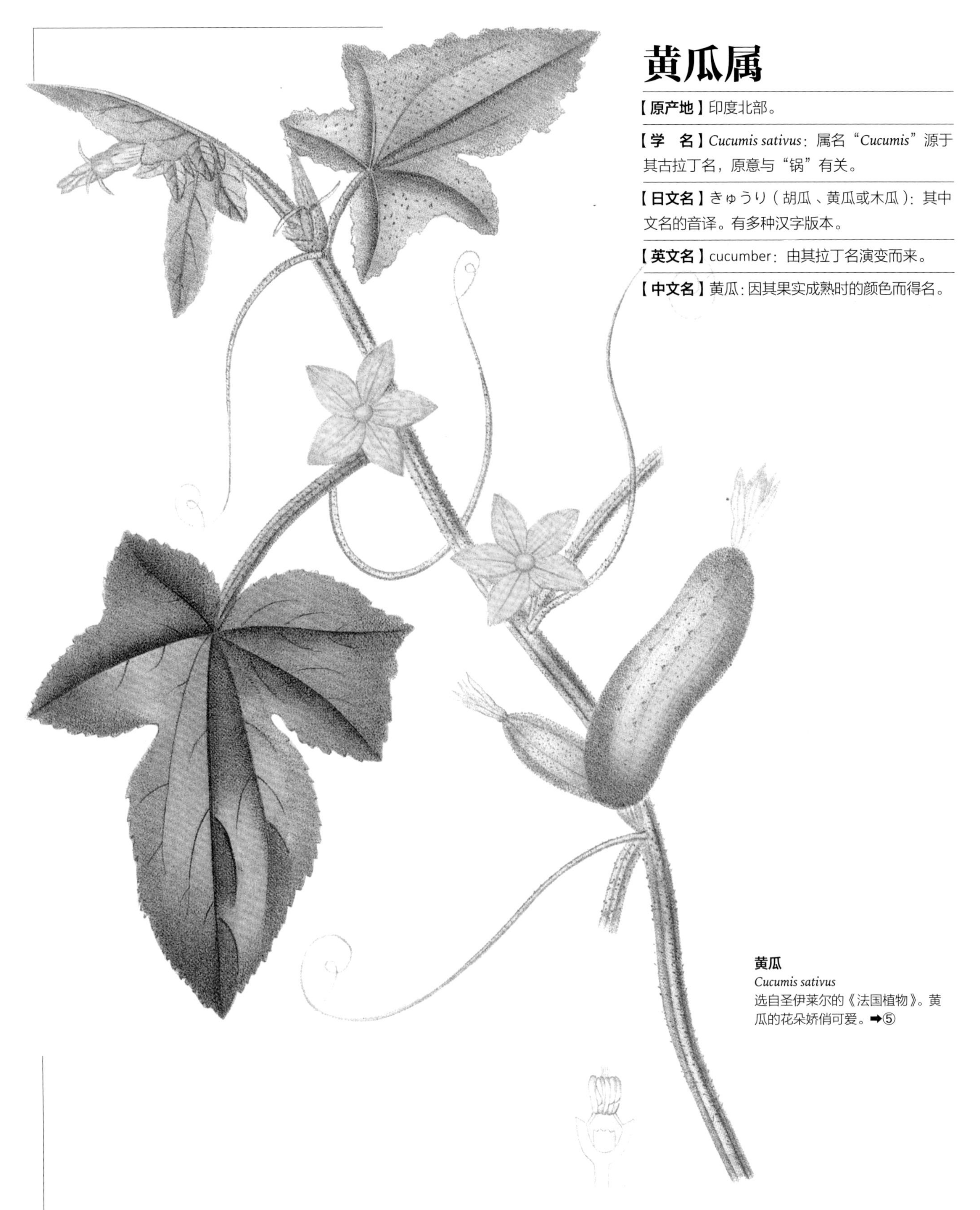

黄瓜属

【原产地】印度北部。

【学　名】*Cucumis sativus*：属名“*Cucumis*”源于其古拉丁名，原意与“锅”有关。

【日文名】きゅうり（胡瓜、黄瓜或木瓜）：其中文名的音译。有多种汉字版本。

【英文名】cucumber：由其拉丁名演变而来。

【中文名】黄瓜：因其果实成熟时的颜色而得名。

黄瓜
Cucumis sativus
选自圣伊莱尔的《法国植物》。黄瓜的花朵娇俏可爱。➡⑤

葫芦科黄瓜属植物。早在很久以前，它就从原产地喜马拉雅山南麓向西传播了，公元前18世纪，埃及人已经在栽培这种植物。公元元年前后，它开始在地中海地区普及。据说，古罗马人还尝试过黄瓜促成栽培技术。之后，黄瓜于公元9世纪传入法国，14世纪传入英国。

公元6世纪，黄瓜通过“丝绸之路”传入中国。还有一种说法是，黄瓜是张骞从西域引入的。中国的黄瓜有两种：华北的黄瓜来自西部，华南的黄瓜则是从印度途经东南亚传入的。

黄瓜传入日本的时间不详，但中国华南的黄瓜据说是在公元6世纪前后传入日本的。在日本，黄瓜一直以来都与水神有关，被认为是河童最喜欢的食物。另外，由于黄瓜切片的剖面与祇园神社的花纹形似，在农历六月的祭祀期间，忌说“黄瓜”一词。在盂兰盆节期间，日本人习惯将黄瓜做成马的形状，然后放入河中漂流。

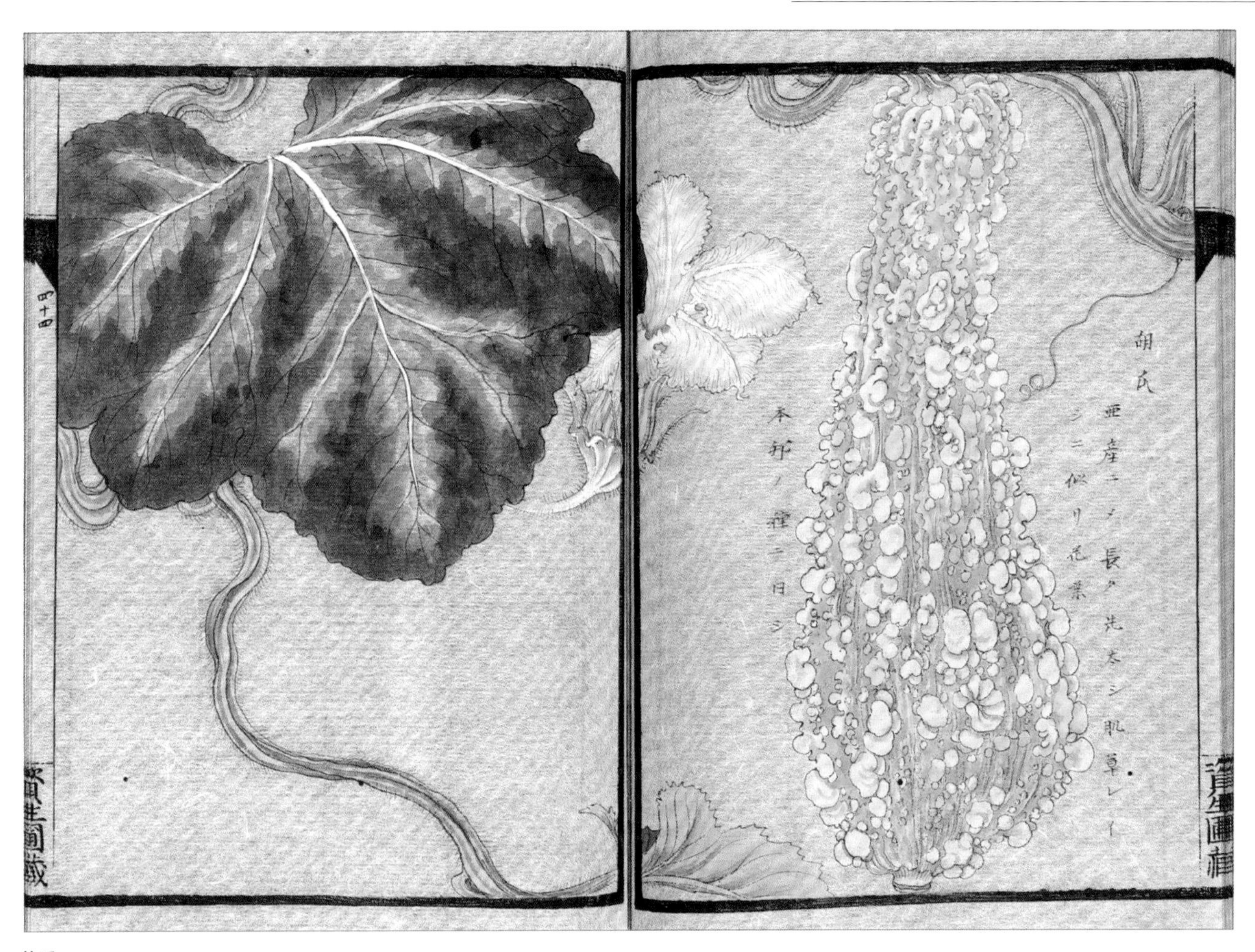

黄瓜

Cucumis sativus

这幅插图非常不可思议，马场大助将其标注为“胡瓜”，可它看上去很像丝瓜。➡⑩

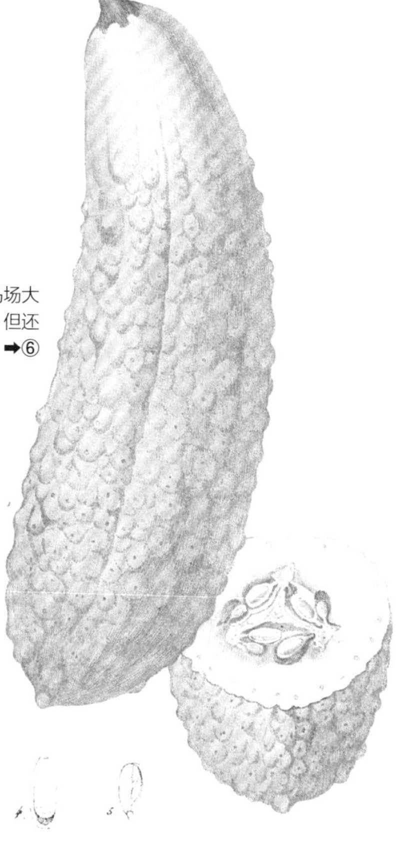

黄瓜

Cucumis sativus

乔梅顿描绘的黄瓜，与马场大助的“黄瓜”非常相似，但还是有一些细节值得商榷。➡⑥

黄瓜

Cucumis sativus

如图所示，这幅插图清晰地展示了枝干的剖面，这是欧洲植物画的特点。➡⑥

南瓜属

【原产地】美洲。

【学　名】*Cucurbita*：属名源于古拉丁语，意为“葫芦”。该词由意为“瓜”和“圆”这两个词拼合而成。

【日文名】南瓜（kabocha）：人们推测它是从柬埔寨（Cambodia）传入的，因而得名；唐茄子：意为“中国的茄子”。这两个名称最早用于称呼别的品种，并非现在的南瓜品种，该品种的外形与茄子相似。

【英文名】pumpkin：源于希腊语“pepo”，意为“甜瓜”。

【中文名】南瓜。

南瓜
Cucurbita moschata
日本战国时代（1467—1600或1615年）传入日本，很快在日本各地普及。但在当时的某些地区，人们认为它是一种不吉利的蔬菜，对其颇为忌讳。➡⑩

葫芦科南瓜属植物。早在2000年前，北美洲就开始栽培这种植物了。它的果实中含有大量淀粉，在葫芦科植物中独树一帜，长期以来，一直是新大陆地区人们的主食。

南瓜于16世纪中叶传入日本。虽然南瓜在任何土地上都能生长得很好，但它依然是一种不受重视的蔬菜。日本人常将那些愚蠢又没用的人称为“南瓜野郎”或“唐茄子”。直到天保大饥荒（1833—1836年）之后，南瓜才开始频繁出现在日本人的餐桌上。在关西，最有名的要数“芋头章鱼南瓜”，这道菜尤其受女性的青睐。民间流传的“冬至吃南瓜能预防感冒”的说法可以追溯到江户时代。这可能是因为冬至时太阳辐射最弱，易感风寒，而南瓜会让人联想到太阳，所以应该在冬至时节吃南瓜。

在美国，南瓜也是一种受欢迎的蔬菜，被用来做汤和馅饼。万圣节时，人们会把大南瓜挖空，然后做成一个有眼睛、鼻子和嘴巴的灯笼（南瓜灯），装饰在窗边。

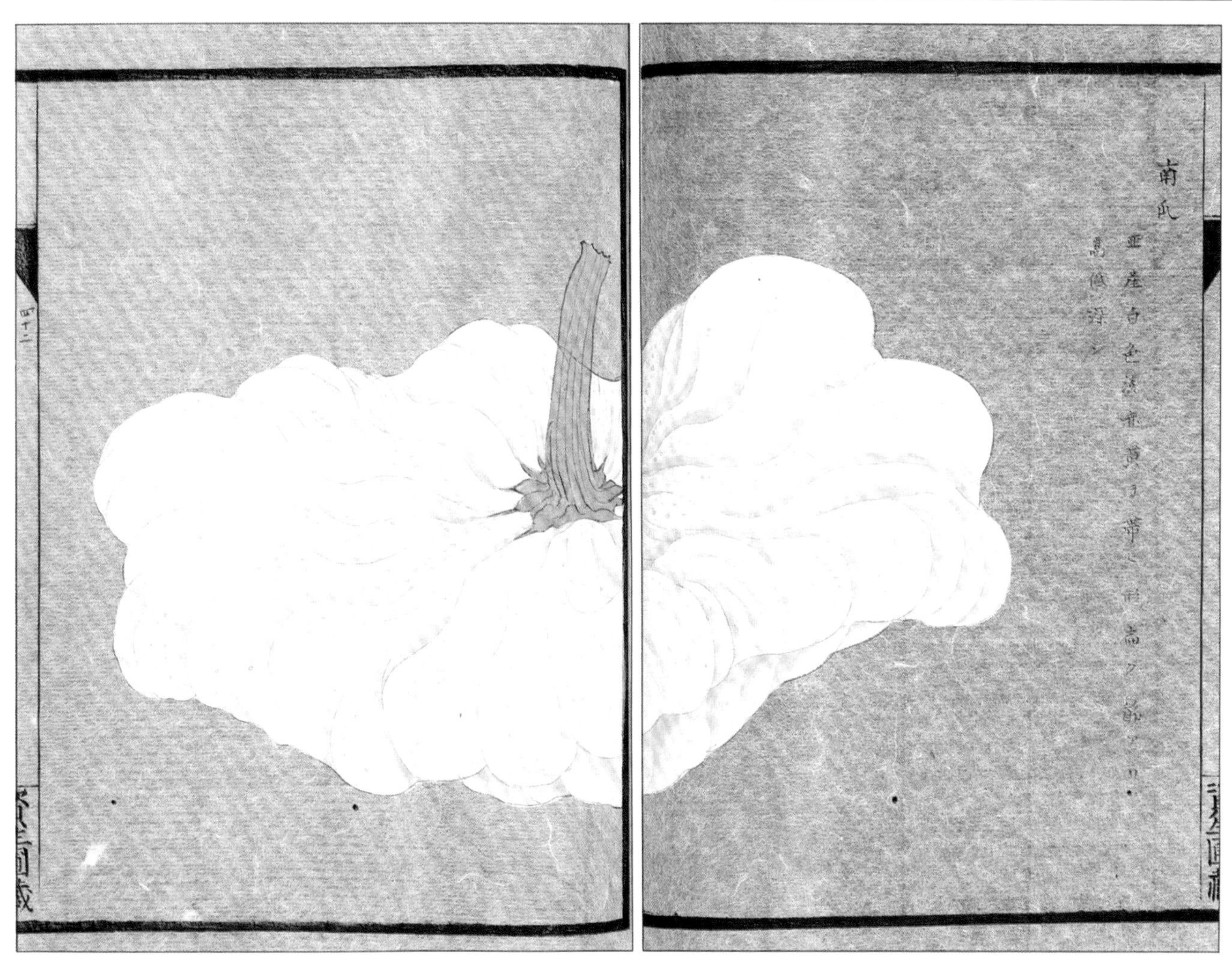

美洲南瓜

Cucurbita pepo

装饰用南瓜。美国万圣节时使用的南瓜就是该品种。➡⑩

西葫芦

Cucurbita pepo

金丝瓜，它是美洲南瓜的变种。金丝瓜用开水煮后果肉会散开，内瓤自成面条状。➡⑩

番茄

【原产地】南美洲。

【学　名】*Solanum lycopersicum*：异名*Lycopersicon esculentum*，源于古希腊语，意为“狼桃”，指地位不如桃子的果实。原用于指代埃及的某种植物，后逐渐演变成指代番茄。

【日文名】とまと（tomato）：英文名的音译。

【英文名】tomato：源于墨西哥的纳瓦特尔语，意为“肿胀的果实”。

【中文名】番茄：意为“异国的茄子”，是茄子的近缘种。

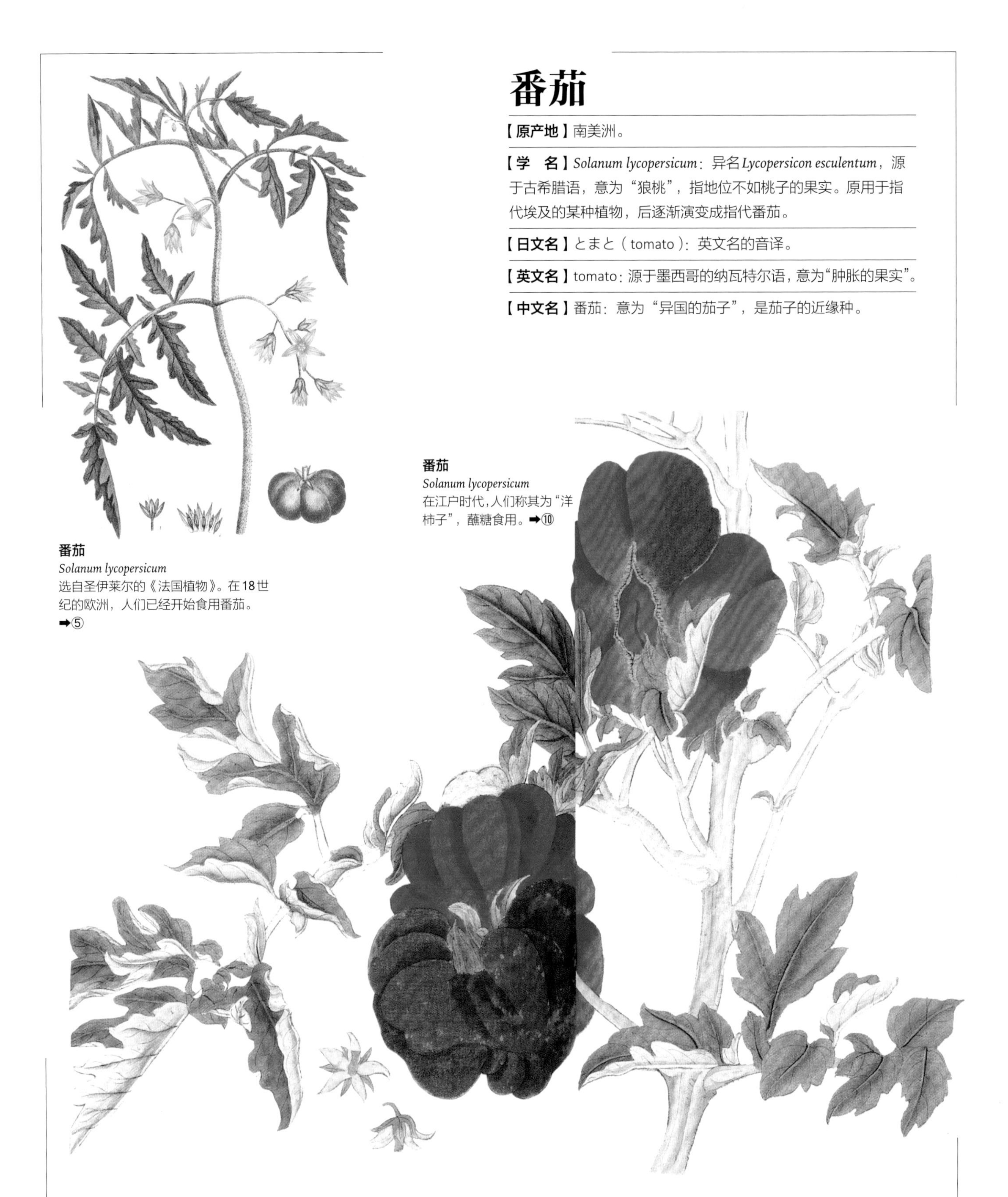

番茄
Solanum lycopersicum
在江户时代，人们称其为“洋柿子”，蘸糖食用。➡⑩

番茄
Solanum lycopersicum
选自圣伊莱尔的《法国植物》。在18世纪的欧洲，人们已经开始食用番茄。
➡⑤

茄科茄属蔬菜。1523年，由征服了墨西哥的西班牙人首次引入欧洲。1544年，番茄传入意大利。当时，番茄被认为是一种补药或春药，因此它又被称为“爱情果”。与此同时，番茄以“金苹果”之名风靡意大利，现已成为意大利美食的重要组成部分。1583年，佛兰德本草学家兰贝尔·多顿斯（Rembert Dodoens）首次将其用于料理中。不过，直到18世纪，人们才开始普遍食用番茄，在此之前，它仅被当作一种珍奇的观赏植物。

番茄也许是在17世纪由荷兰商船带入日本的。在日本18世纪初出版的本草书籍《大和本草》中，番茄以“唐柿子”之名出现，但当时仅用于观赏。明治时代初期，北海道开拓使（负责北海道开发事业的政府机构）将其作为蔬菜正式引入。昭和时代，番茄开始大量出现在普通人的餐桌上，这是因为番茄酱的普及让人们逐渐习惯了番茄的味道。而这种蔬菜也渐渐适应了日本的气候，本身的青涩味也减少了许多。

野甘蓝

【原产地】地中海沿岸、西欧。

【学　名】*Brassica oleracea*：属名“*Brassica*”源于老普林尼曾使用过的拉丁古名，最早起源于凯尔特语。

【日文名】きゃべつ：英文名的音译；甘蓝：源于其中文名。《牧野日本植物图谱》中写道：“将此种称为‘甘蓝’是一种误用。”

【英文名】cabbage：源于法语中的“caboce”（一般是轻蔑口吻）一词，意为“卷心菜头，笨蛋”。因其球菜的形态而得名。

【中文名】野甘蓝：意为“甜菜”，俗名卷心菜、包菜。“蓝”除了指代蓼蓝（*Persicaria tinctoria*），还用来指代一种腌菜。

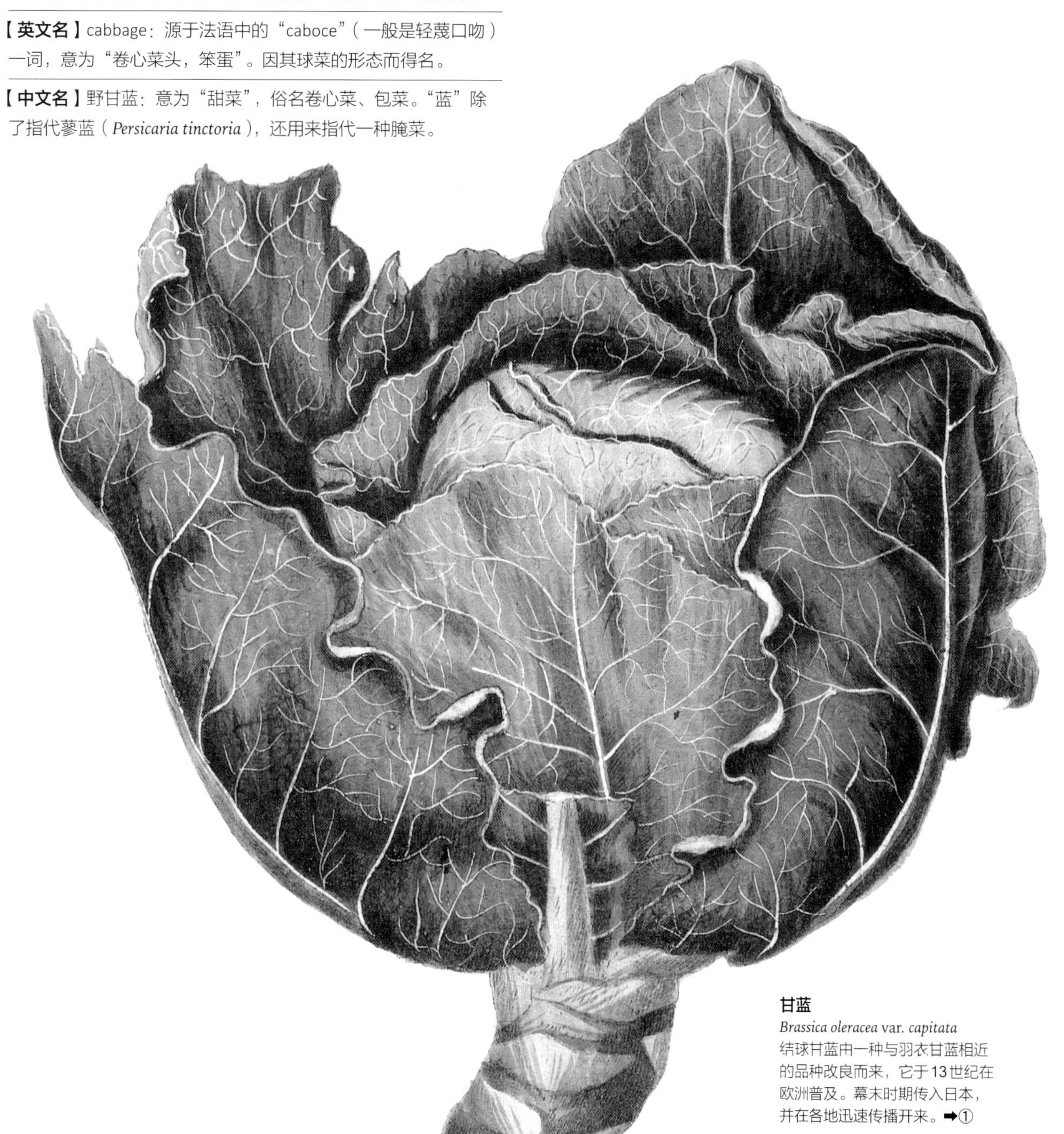

甘蓝
Brassica oleracea var. *capitata*
结球甘蓝由一种与羽衣甘蓝相近的品种改良而来，它于13世纪在欧洲普及。幕末时期传入日本，并在各地迅速传播开来。➡①

十字花科芸薹属植物，其结球状的叶片可食用。据说，甘蓝是从欧洲西南部的原生种培育而来，是一种典型的西方蔬菜。在英国，长期以来，一直流传着一个说法，小孩是从甘蓝菜田里生出来的。苏格兰有这样一个习俗，即在万圣节的晚上，年轻的男男女女会蒙上眼睛去菜田里随机采摘一颗甘蓝，以此来预测他们的婚姻运势（如果根部有泥土，他们的爱情便会开花结果）。此外，还有一种与甘蓝相关的梦境占卜（如果梦中出现了甘蓝，一般被认为是不祥之兆）。

据说，当斯巴达立法者来库古（Lycurgus）因破坏酒神狄俄尼索斯的葡萄园而受到制裁时，被葡萄藤绑住的他流下了悔恨的泪水，泪水所到之处长出了甘蓝，因此甘蓝被认为具有醒酒的功效。在英国，人们习惯在甘蓝的残根上刻一个“十”字，这样甘蓝收割之后，叶子就会从残根上重新长出来。

马铃薯

【原产地】南美洲。

【学　名】*Solanum tuberosum*：属名“*Solanum*”源于本属中“龙葵”这一植物的古拉丁名。该名与“静养”之意有关，据说因龙葵有镇痛作用而得名。也有说法称，其源于与“太阳”之意有关的词。

【日文名】じゃが芋、じゃがたら芋：意为“雅加达（现为印度尼西亚首都）的芋头”。16世纪末，荷兰商船将其从雅加达带入日本，因而得名；马铃薯：源于其中文名。《牧野日本植物图谱》中写道：“马铃薯是另一种植物。”

【英文名】potato：源于西印度群岛上泰诺语中指代本物种的词。

【中文名】马铃薯：意为“形似马铃的芋头”。

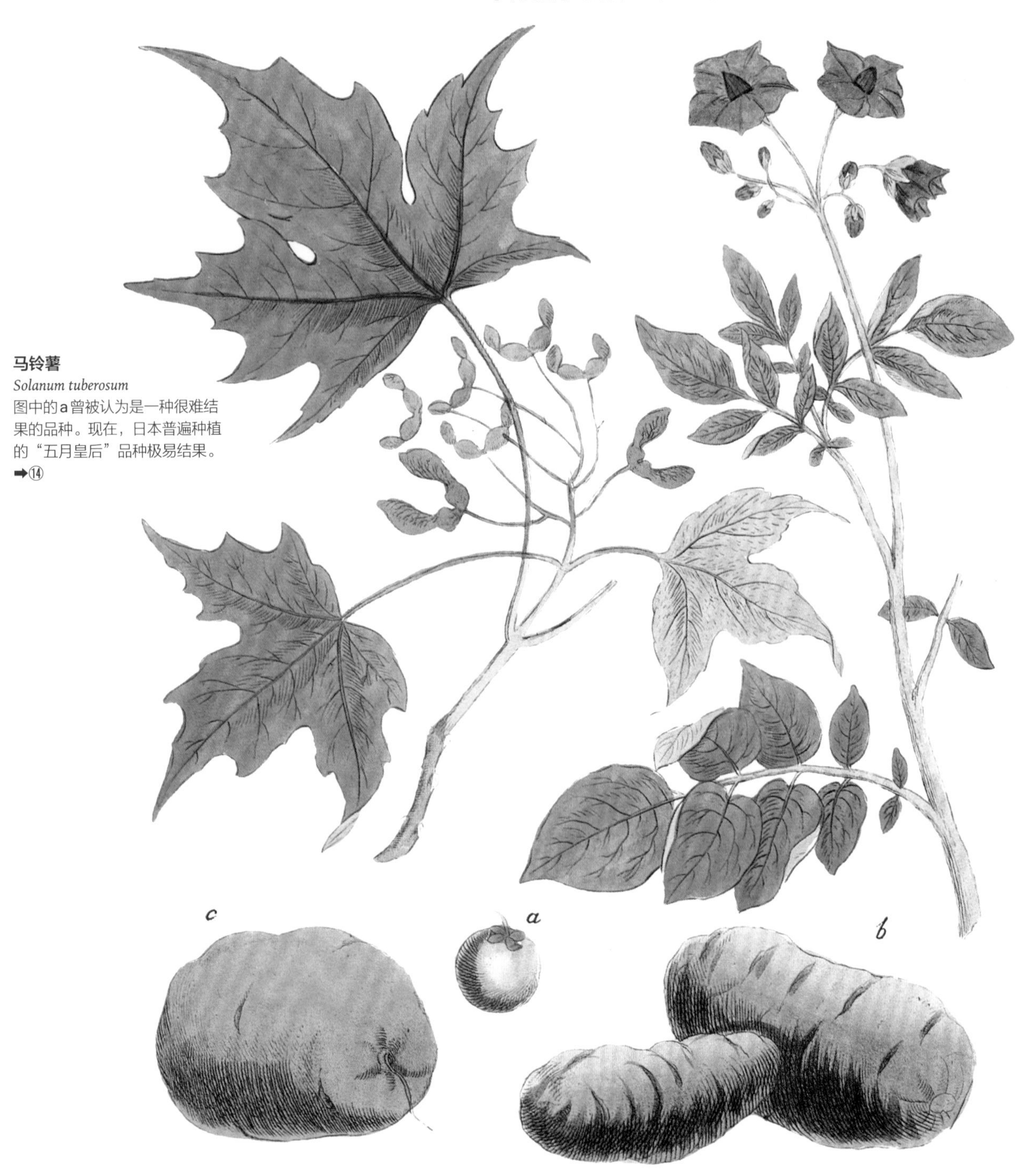

马铃薯
Solanum tuberosum
图中的a曾被认为是一种很难结果的品种。现在，日本普遍种植的“五月皇后”品种极易结果。
➡⑭

茄科茄属植物，其地下块茎可食用。这种蔬菜原产于南美洲的安第斯高原，16世纪传入欧洲。在18世纪屡次遭遇大饥荒之前，欧洲大部分地区都只把它当作一种珍奇的观赏植物。

唯一的例外是爱尔兰。17世纪，克伦威尔的铁骑军将爱尔兰人赶入荒芜之地，正是这种植物让爱尔兰人活了下来，在此之前，爱尔兰人是纯粹的食肉民族。从18世纪末到19世纪初的不到一百年的时间里，爱尔兰人口因马铃薯从150万增加到900万，足足增加了6倍。

但不久之后，单一种植的马铃薯感染病害，引发了又一场大饥荒。这些新增的爱尔兰人口作为难民大规模迁移到英国和美国。

番薯

【原产地】中美洲。

【学　名】*Ipomoea batatas*：属名“*Ipomoea*”源于希腊语，意为“与昼颜（打碗花）相似的”，或“与毛毛虫相似的”。后者得名于其藤蔓喜好攀援与附着的特性。

【日文名】さつまいも（薩摩芋）：因其为鹿儿岛县（萨摩藩）的特产而得名。唐芋：意为“外国的芋头”。甘藷：意为“甜薯”，与其英文名构思相同。

【英文名】sweet potato：意为“甜马铃薯”。

【中文名】番薯：意为“异国的芋头”。

番薯
Ipomoea batatas
左图为番薯，原图中文字描述如下：“其外侧为红色，内部为黄色，有甜味。”右图为热带地区的主食木薯（可研磨成木薯粉）。➡⑭

旋花科番薯属植物。原产于中美洲，由分布于墨西哥至危地马拉的野生六倍体种培育而成。这种作物也被认为是远古时期太平洋两岸有往来的证据。尽管番薯起源于中美洲，但它自古以来一直是新西兰毛利人和新几内亚高地人的主食。这也被认为是哥伦布之前新大陆和旧大陆之间交流的证据。也有说法称，这种植物的果实单纯是靠洋流传播的。

一般认为，哥伦布是第一个将番薯引入旧大陆的人。后来，它因被当作往返于新大陆的奴隶船上的食物而传到非洲西海岸，并由此传播到世界其他地区。16世纪，欧洲人将其引入东亚，17世纪传入日本，栽培在南九州地区。享保二十年（1735年），被后人尊称为“甘薯先生”的青木昆阳将其作为救灾作物引入江户，挽救了许多人的生命。番薯中含有一种可以除铁锈的成分，因此当使用新铁壶时，将番薯放入其中煮沸几次就能快速除铁。

莴苣属

【原产地】地中海沿岸。

【学　名】*Lactuca*：属名“*Lactuca*”源于其古拉丁名，其意与“乳”有关。因其乳状的汁液而得名。

【日文名】れたす：英文名的音译；ちさ、ちしゃ（二者均由日语中“乳草”一词演变而来）：因其叶片切开后有乳液渗出而得名。

【英文名】lettuce：由其拉丁名演变而来。

【中文名】莴苣。

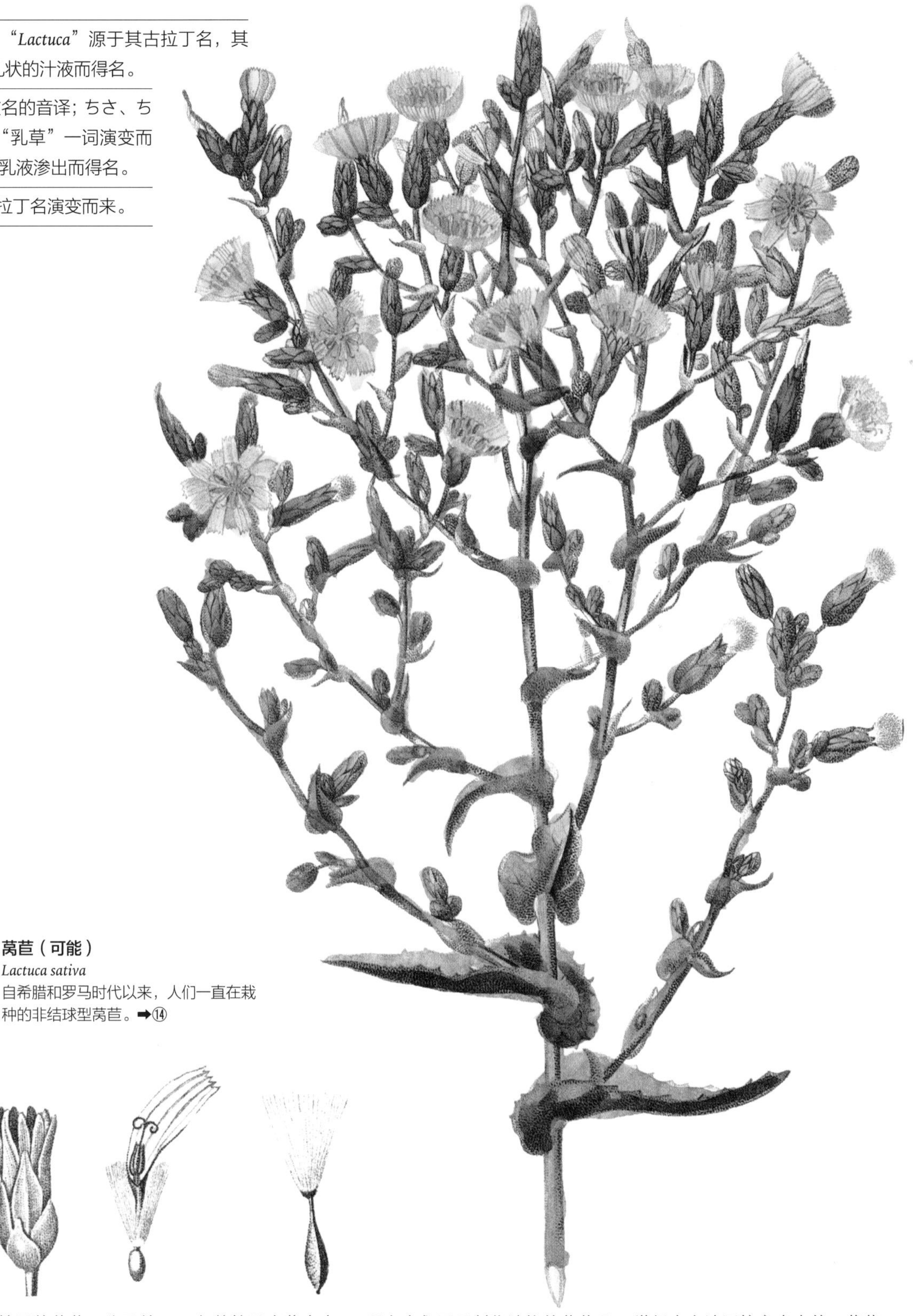

莴苣（可能）
Lactuca sativa
自希腊和罗马时代以来，人们一直在栽种的非结球型莴苣。➡⑭

一种起源于高加索地区的蔬菜。公元前4500年的埃及古墓中出土了一种长叶型莴苣，这是目前发现的最古老的莴苣样本。古希腊人和古罗马人也栽培和食用莴苣，其中古罗马人尤其喜欢，并培育了许多品种。不过，当时的莴苣不像现在是结球型的，它们的叶片十分稀疏。

我们今天所熟知的球形种出现于16世纪，由意大利传入法国。大约在同一时期，叶片打卷的品种和彩色的品种也被培育出来。此外，现在人们用于制作沙拉的莴苣是19世纪末在法国培育出来的。莴苣通过丝绸之路向东传播，于公元6世纪传入波斯，公元7世纪传入中国，公元9世纪传入日本。在日本最早的百科全书《和名类聚抄》中，莴苣被称为“白苣”，之后作为“莴苣”被广泛种植。不过，当时栽培的是非结球型品种，而现在这种结球型的品种是“二战”后培育出来的。

莴苣（可能）

Lactuca sativa

被称为“乳草”的蔬菜（应该就是莴苣），于江户时代传入日本。➡⑩

甜菜属

【原产地】地中海东岸、西亚。

【学　名】*Beta*：属名“*Beta*”源于其古拉丁名。最初源于凯尔特语，意为“红色”。

【日文名】てんさい（甜菜）：意为“有甜味的菜”；砂糖大根：意为“能提炼糖又形似大根（萝卜）的蔬菜”。

【英文名】beet：由其拉丁名演变而来。

【中文名】甜菜。

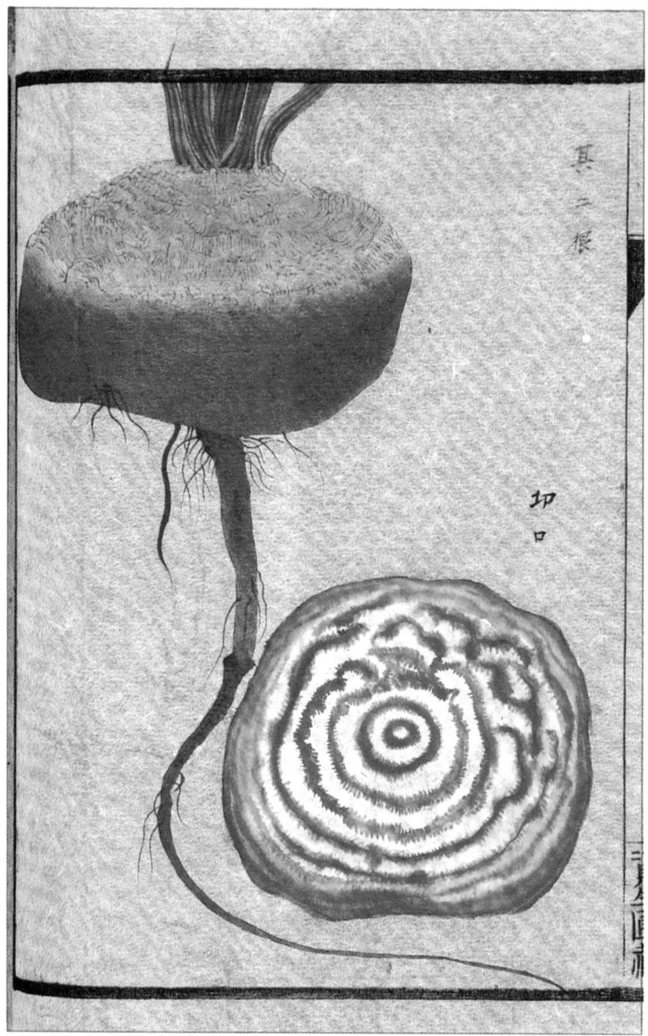

根用甜菜
Beta vulgaris subsp. *vulgaris*
欧洲自古便有栽培。这幅剖面图反映了江户时代日本人的科研精神。➡⑩

早在18世纪初，人们就发现可以用甜菜制糖。彼时，拿破仑统治着欧洲，并对英国实施了大陆封锁政策，这促使了甜菜制糖的工业化发展。在此之前，法国一直从西印度群岛进口大量砂糖，但当进口变得不可行时，法国当局注意到了柏林科学院院长安德烈亚斯·西吉斯蒙德·马格拉夫（Andreas Sigismund Marggraf）的研究成果，并开始在国内用甜菜制糖。维也纳会议（1814—1815年）之后，这一技术在整个欧洲普及开来，到19世纪中叶，欧洲的蔗糖消费需求基本可以在本区域内实现自给自足。到19世纪末，甜菜制糖的贸易地位已经超过甘蔗制糖，这间接地推动了新大陆奴隶制度的废除。

木樨榄

【原产地】北非。

【学　名】*Olea europaea*：属名“*Olea*”源于其古拉丁名，最早来自其希腊名。古时候曾被人使用过，语源不详。

【日文名】オリーヴ（oriibu）：其英文名的音译。

【英文名】olive：与属名同语源。

【中文名】木樨榄。

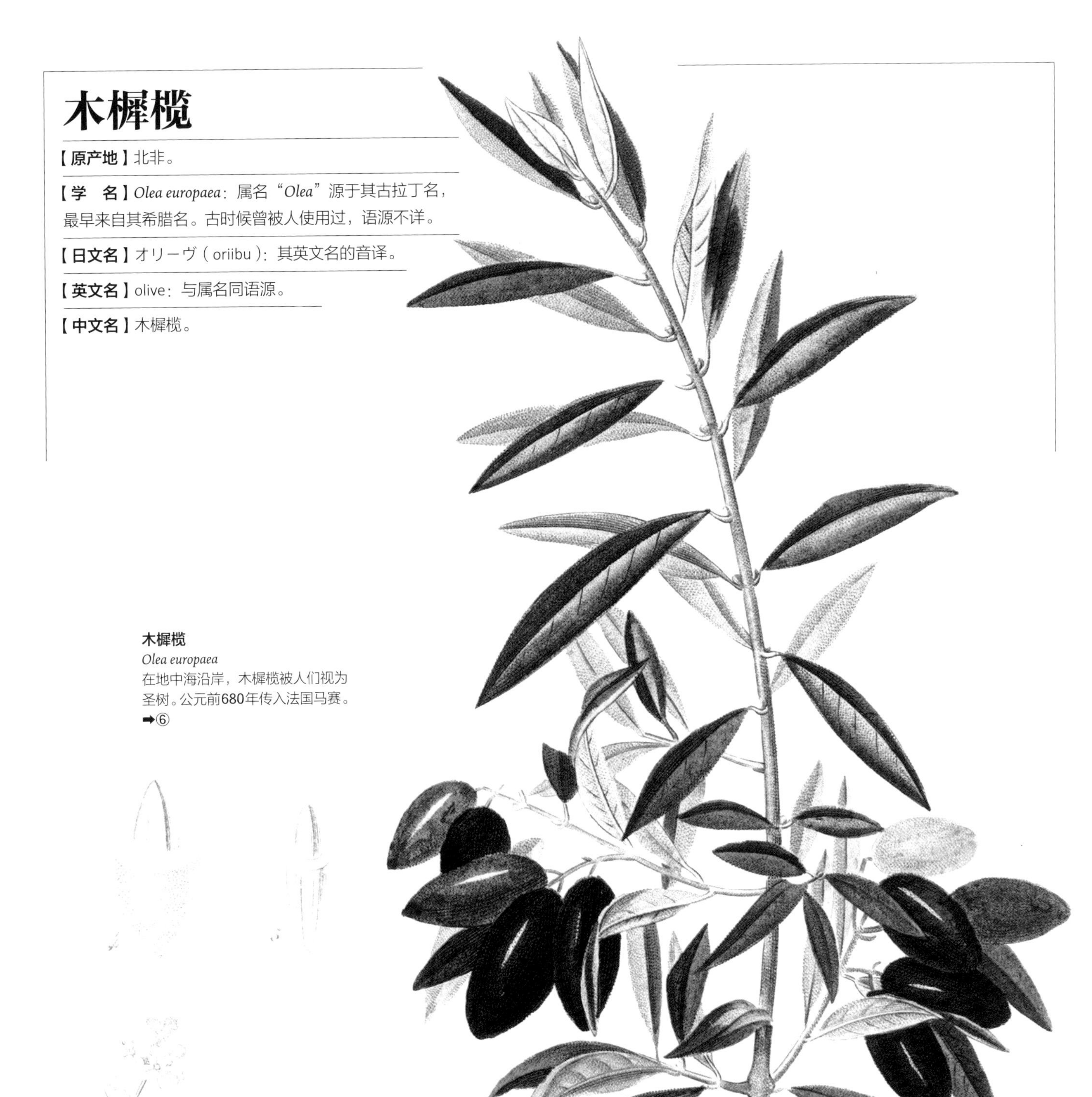

木樨榄
Olea europaea
在地中海沿岸，木樨榄被人们视为圣树。公元前680年传入法国马赛。
➡⑥

木樨榄科木樨属常绿乔木。它原产于撒哈拉沙漠，那里曾经是一片肥沃的土地，在第四次冰河期前拥有大片森林。但随着这一地区沙漠化，森林逐渐消失，橄榄树则被移植到克里特岛和埃及，并在这些地区被广泛栽培。橄榄油产量最高的国家是意大利。自古以来，橄榄树一直是地中海地区的代表性树种。

在古代中东，橄榄油不仅可以食用，还被用作寺院里的圣灯，是一种重要的贸易品。据说犹太民族领袖摩西曾免除了橄榄种植者的兵役。所罗门王曾把橄榄油送给希拉姆，以此换取建筑材料，来建造他著名的圣殿。古希腊人腌制了大量的橄榄果，并将其作为储存食物。在希腊神话中，橄榄树在一定程度上是智慧女神帕拉斯·雅典娜的化身，被视为“神慈”的象征。因此，对以雅典娜为守护神的雅典城来说，种植橄榄树既有象征意义，又有纯粹的经济意义。

在《圣经·旧约》中记载，大洪水退去后，鸽子衔来一根橄榄枝，诺亚知道这意味着陆地上的植物已经复苏。从此以后，橄榄枝便成了和平与幸福的象征。在阿拉伯世界，橄榄树被称为“世界树”。如今，从橄榄果中提取的初榨油主要供人们食用，而从果渣中提取的二次油则用作橄榄油皂和其他化妆品的原料。

石刁柏

【原产地】意大利、巴尔干半岛、小亚细亚。

【学　名】*Asparagus officinalis*：属名“*Asparagus*”源于其古希腊名，与意为“撕裂”的词有关。泰奥弗拉斯托斯曾使用过该名称。其叶状枝伸展为细线状，有些种生有尖刺，因而得名。

【日文名】あすぱらがす（asuparagasu）：其英文名的音译。

【英文名】asparagus：源于属名。

【中文名】石刁柏。

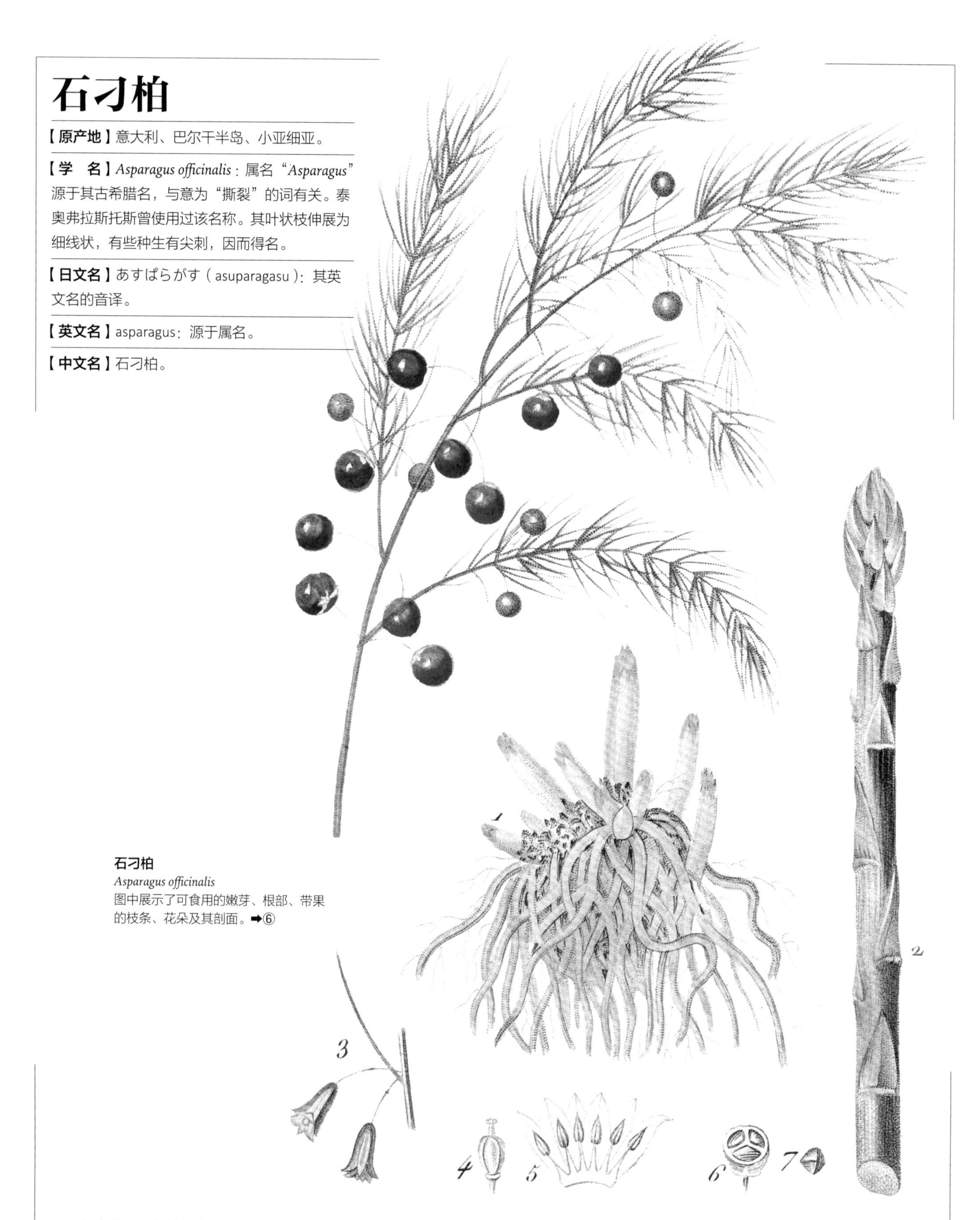

石刁柏
Asparagus officinalis
图中展示了可食用的嫩芽、根部、带果的枝条、花朵及其剖面。➡⑥

百合科天门冬属植物，一种幼茎可食用的蔬菜。它原产于地中海东岸，并在古希腊时代就已经开始栽培。当时，人们也食用野生的石刁柏。

这种蔬菜深受罗马人的喜爱，不仅贵族，普通大众也喜欢。许多文献都提到了它的栽培方法。根据老普林尼的记载，拉文纳近郊产的石刁柏仅三根就有一磅重。此后，欧洲各地开始广泛栽培这种植物。据说当时俄罗斯南部和波兰的荒野中长满了石刁柏，使其最终沦为牛和马的饲料。

18世纪末，石刁柏传入日本长崎，但当时只是作为一种珍奇植物（被称为“荷兰龙须菜”“松叶独活”或“西洋独活”）种植在庭园中。到了明治时代，北海道开拓使重新引入石刁柏，很快又建立了罐头产业，并作为出口产业而蓬勃发展。用于制作罐头的是用泥土覆盖嫩芽栽培的白芦笋，但近年来对绿芦笋的需求也有所增加。

茄

【原产地】印度。

【学　名】*Solanum melongena*：属名“*Solanum*”源于同属的龙葵的拉丁名。该名与“静养”之意有关，因龙葵有镇痛作用而得名。种加词“*melongena*”，意为“能结出瓜的”。

【日文名】なす（茄子）：源于其中文名。

【英文名】eggplant：意为“鸡蛋植物”。因其果实形似鸡蛋而得名。

【中文名】茄：“茄”本意指荷花的茎，俗名茄子。

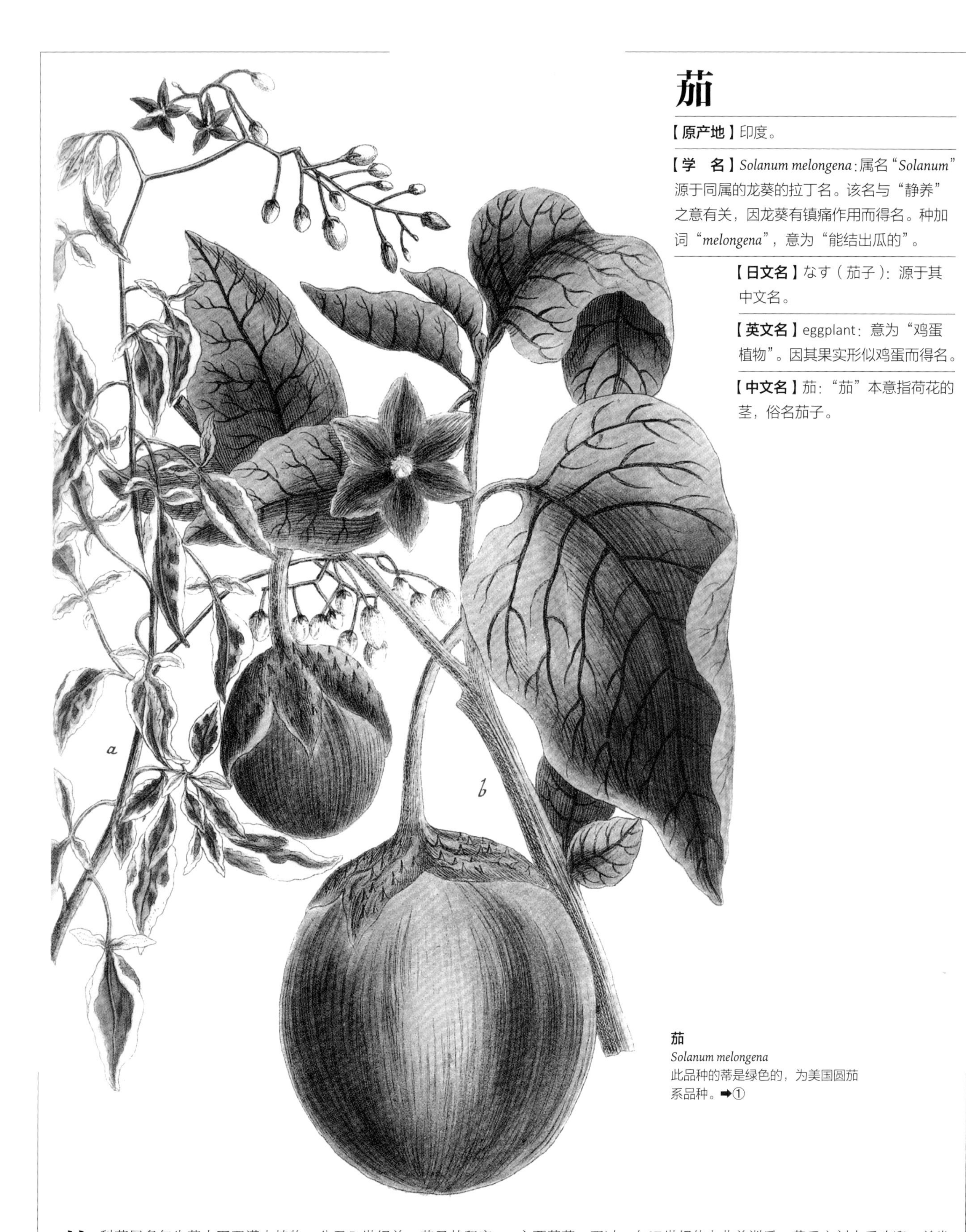

茄
Solanum melongena
此品种的蒂是绿色的，为美国圆茄系品种。➡①

茄科茄属多年生草本至亚灌木植物。公元5世纪前，茄子从印度经由丝绸之路传入中国。从日本正仓院的文献中可以得知，它在公元8世纪前就已从中国传入日本了。日本10世纪的典籍《和名类聚抄》中记载了它的“奈须比”（nasubi）这一名称，这表明从那时起它就是一种重要的蔬菜，主要用于炖煮和腌制酱菜。

在西方，茄子在古代便已传入波斯，公元5世纪又从波斯传入北非。文艺复兴之前，虽然茄子在欧洲的分布相当广泛，但它并未成为主要蔬菜。不过，在17世纪传入北美洲后，茄子立刻大受欢迎，并发展出各种品种。日本有许多用于腌制酱菜的茄子品种，还有句俗语叫“别让你的妻子吃秋天的茄子”。另一道有名的菜是“鹬烤茄子”（酱烤茄子），这源于过去一种将鹬肉塞进腌茄子的料理。俗话说“茄子开了花就一定会结果，父母给孩子的建议也一定有用”（类似中国俗语“不听老人言，吃亏在眼前”），这意味着只要不受病虫害影响，茄子就一定会结果。

胡萝卜

【原产地】阿富汗。

【学　名】*Daucus carota* var. *sativa*：属名“Daucus”源于古希腊另一种药用植物的名称。种加词“carota”源于希腊语，指胡萝卜。

【日文名】にんじん（人参）：这种植物刚传入日本时，人们认为其外形酷似人参的根，因而得名。

【英文名】carrot：与种加词同语源。

【中文名】胡萝卜：意为“异国的萝卜”。

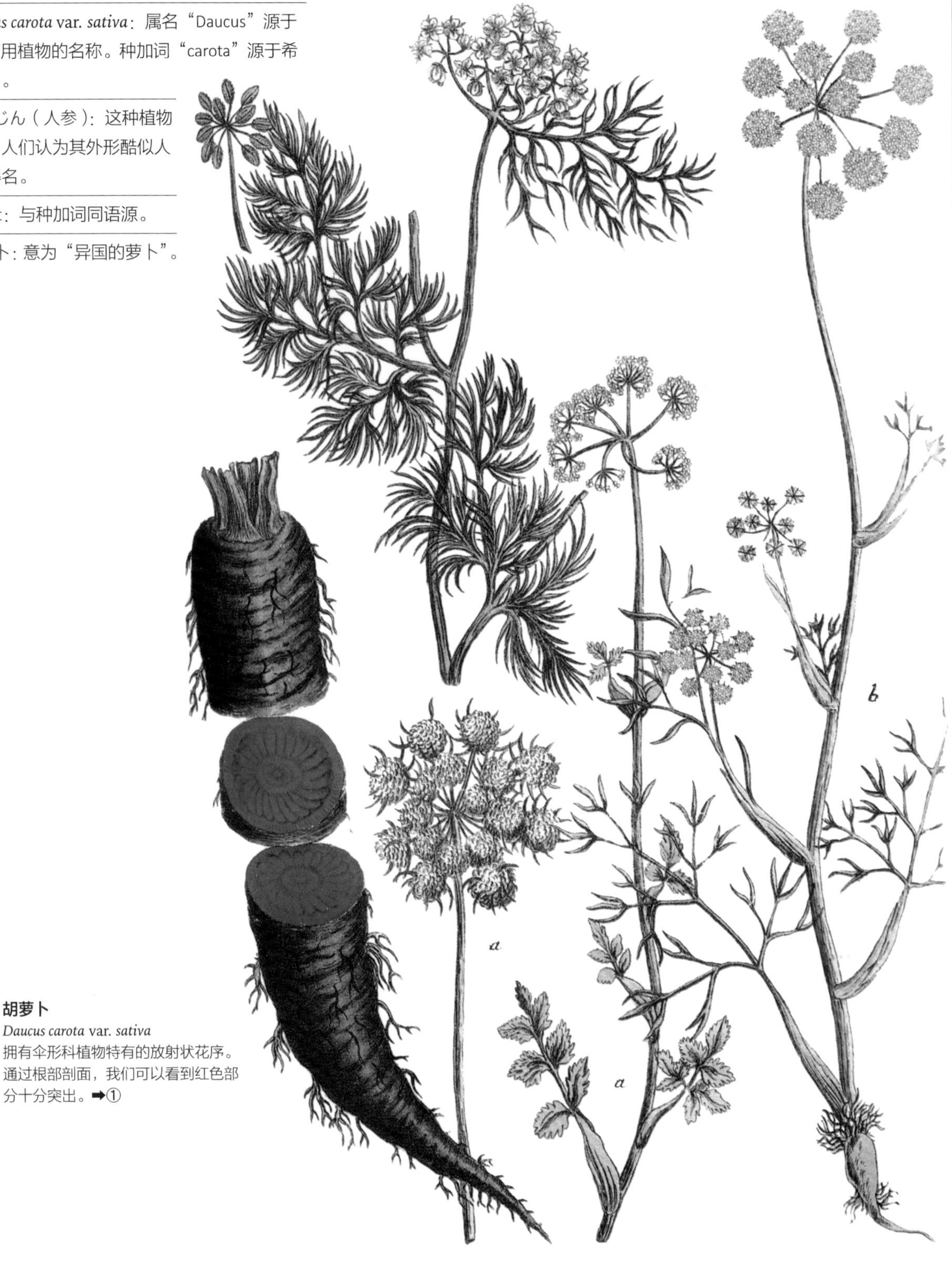

胡萝卜
Daucus carota var. *sativa*
拥有伞形科植物特有的放射状花序。通过根部剖面，我们可以看到红色部分十分突出。➡①

伞形科胡萝卜属一年生或二年生草本植物，主要分为东方系和西方系两大类。西方系在古代从原产地（阿富汗）迁至小亚细亚，并于12—13世纪传入西班牙和意大利，14世纪传入阿尔卑斯山以北地区。

这一时期的胡萝卜是紫色的长胡萝卜，而现在的西方胡萝卜根部较短。16世纪末，荷兰培育出含有胡萝卜素的橙黄色品种。另外，现在我们所熟知的短根品种是18世纪由法国人改良而成的。

东方系则被认为是在元代经由云南传入华北地区的，然后从华北向南北传播。该品种传入日本的时间不详，但最早的记载可追溯至公元7世纪初。据日本18世纪初的百科全书《和汉三才图会》中记载，当时的胡萝卜有黄色的、红色的、白色的和紫色的。此外，幕末时期，欧洲的胡萝卜品种也经由长崎传入日本。

萝卜

【原产地】西亚。

【学　名】*Raphanus raphanistrum* subsp. *sativus*：属名"*Raphanus*"源于其希腊名，意为"快速收割"。泰奥弗拉斯托斯曾使用过该名称。因其出芽和生长迅速而得名。

【日文名】だいこん（萝卜）：因其根部大而得名。

【英文名】radish：源于拉丁语，意为"根"。

【中文名】萝卜："萝"原指某些爬藤植物。

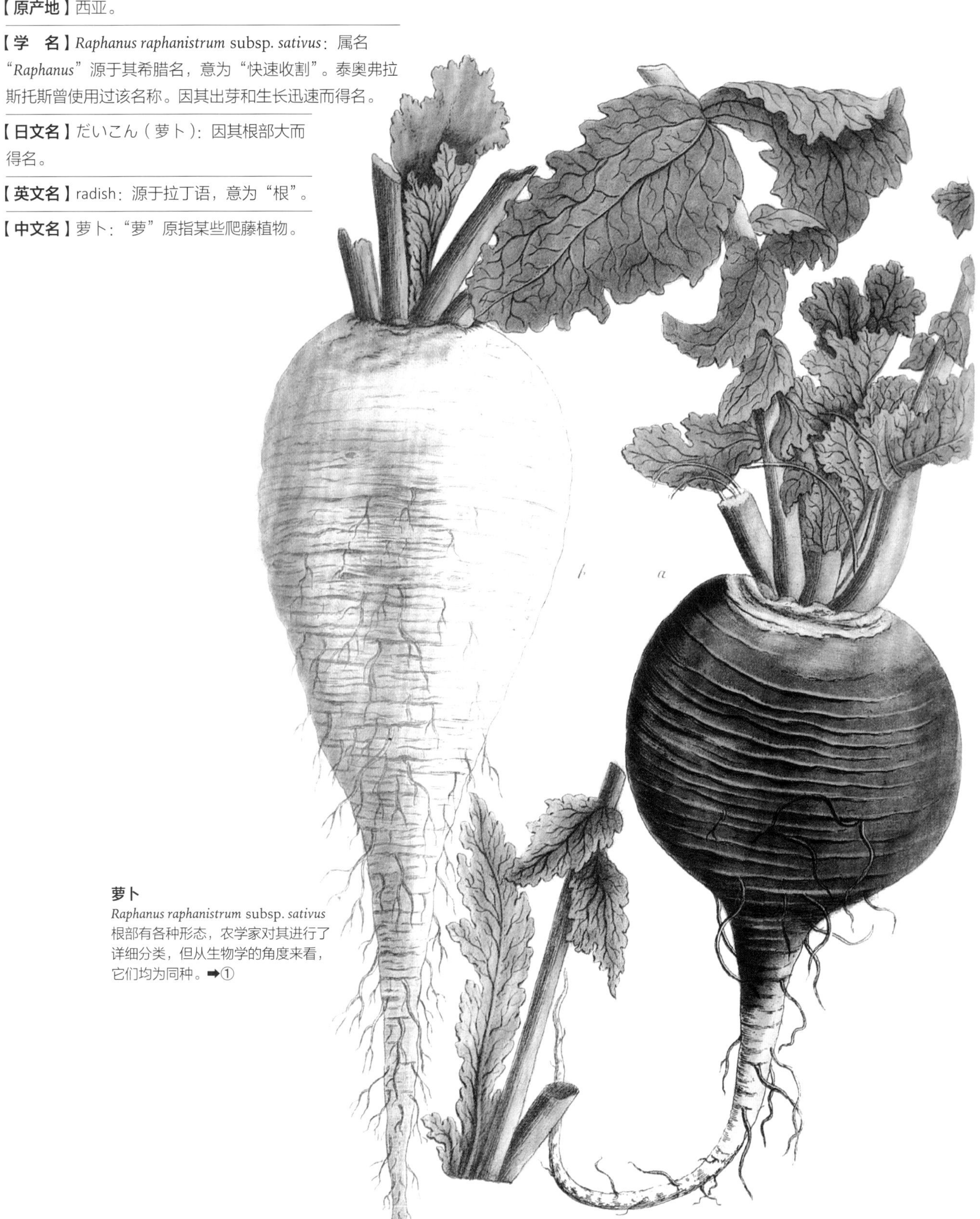

萝卜
Raphanus raphanistrum subsp. *sativus*
根部有各种形态，农学家对其进行了详细分类，但从生物学的角度来看，它们均为同种。➡①

十字花科萝卜属二年生或一年生草本植物。有碑文记载，在埃及建造金字塔的过程中，萝卜曾被用作工人的食物。不过，这里所说的萝卜指的是欧洲系萝卜，即樱桃萝卜。它在希腊和罗马备受推崇，之后又在日耳曼人和斯拉夫人中传播开来。直到16世纪才被引入英国和法国。

在中国公元前5世纪的典籍《尔雅》中，萝卜有一个充满"西域风"的名字。这表明它在古代从中亚传入中国华南的高原，并在那里发生了明显的分化。萝卜在古代就已传入日本，关于它的首次记载是在《日本书纪》里。

蔓菁

【原产地】地中海沿岸（？）。

【学　名】*Brassica rapa*：异名*Brassica campestris* var. *glabra*，源于甘蓝的古拉丁名，最早源于凯尔特语，老普林尼曾使用过该名称，种加词“*campestris*”意为“野生的”，变种名“*glabra*”意为“无毛的”。

【日文名】かぶ（蕪）：与日语中“株”（kabu）意思相同，意为“头状的根块”。

【英文名】turnip：“tur”源于可以滚动的球形蔓菁；“nip”源于古英语，语源不详。

【中文名】蔓菁。

蔓菁
Brassica rapa
右图中的植物看上去很像萝卜，但它是蔓菁。有说法称，西欧系品种的变种名为“rapa”（拉丁语中指蔓菁）。➡①

十字花科芸薹属二年生草本植物。该植物的起源尚不清楚，但在公元前就已向东、西两个方向传播，中国和欧洲均有栽培。在地中海地区，蔓菁自古以来就是重要的蔬菜作物。但是，在古代，它的根部不像现在这样肥大，因此古人可能食用的是其叶片，就像野泽菜（*Brassica rapa L.var.hakabura*）那样。随着时间的推移，人们开始食用它的根茎。在欧洲，蔓菁仍然是一种日常蔬菜，这在俄罗斯民间故事《拔萝卜》中可见一斑。

2000年前，蔓菁传入中国，并在中国各地大量栽培，主要集中在云南和四川地区。蔓菁还有一个别名叫“军菜”，据说是因为诸葛亮每次出征时，无论驻扎时间长短，他都会择地栽培。据推测蔓菁最晚在公元8世纪传入日本，比萝卜传入的时间要早。另外，西洋蔓菁在17世纪传入日本，并在东日本扎根下来。

面包树

【原产地】新几内亚、美拉尼西亚。

【学　名】*Artocarpus altilis*：属名“*Artocarpus*”源于希腊语，意为“面包的果实”。其果实烤后呈白色，味如面包，因而得名。

【日文名】ぱんのき：其英文名意译。

【英文名】breadfruit：意为“面包的果实”，与属名同语源；breadnut：意为“面包坚果”。对种子可食用的品种的称呼。

【中文名】面包树。

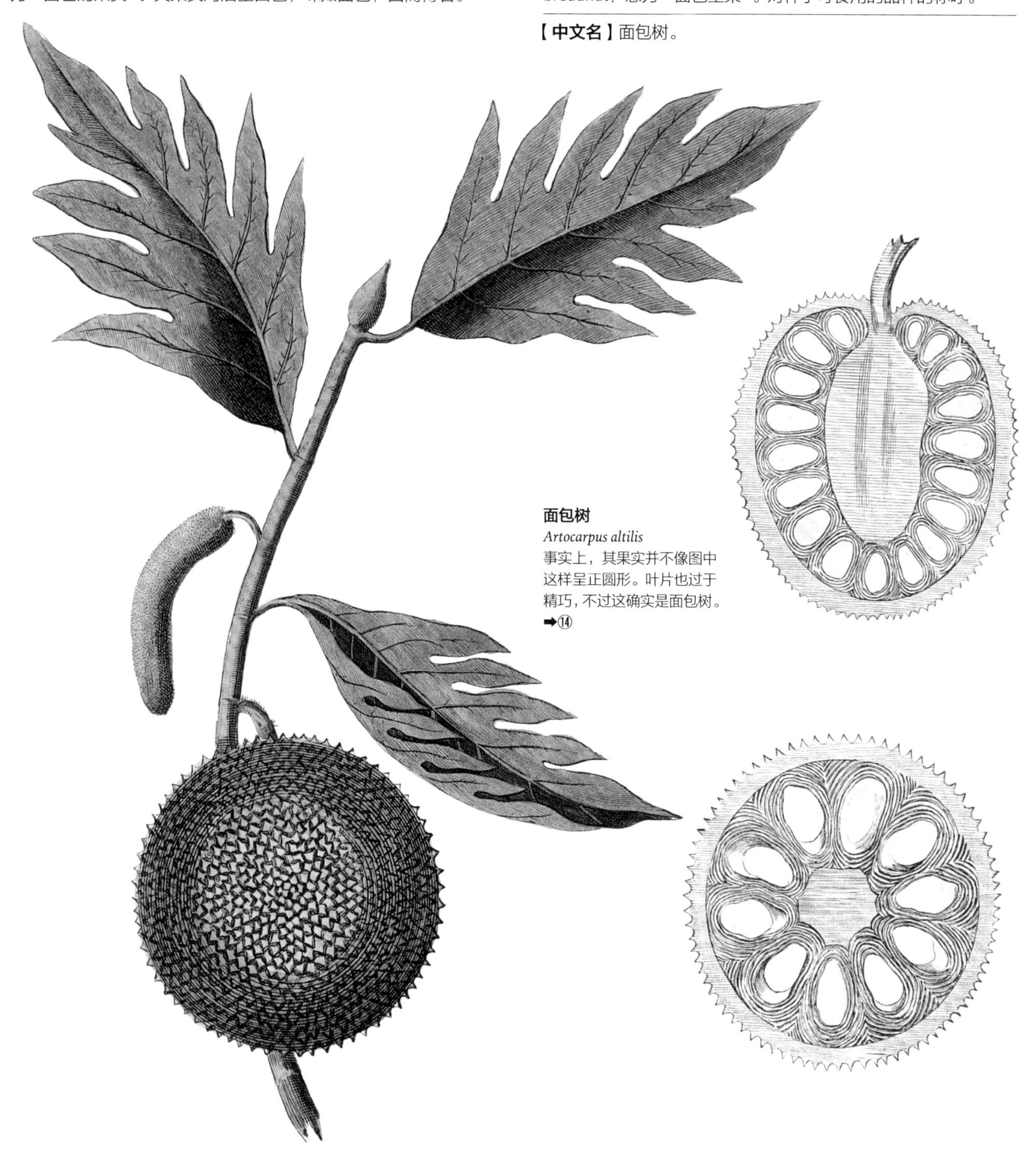

面包树
Artocarpus altilis
事实上，其果实并不像图中这样呈正圆形。叶片也过于精巧，不过这确实是面包树。
➡⑭

面包树属于桑科波萝蜜属常绿乔木，树高可达30米，在密克罗尼西亚和波利尼西亚等热带岛屿上与各种棕榈树一起为人们遮阴。据说它起源于新几内亚附近，是热带地区居民的主食。在没有季节感的热带地区，5月至8月和12月这两个结果期标志着热带地区的季节更替。

圆圆的面包果就像一个篮球，有籽的品种可以通过烤或炒的方式食用。无籽的品种则用大叶子包裹起来蒸熟，然后再用珊瑚捣缸和捣棒将其舂成年糕状，这样便可以用作储备粮食。它的味道像栗子与番薯的结合。除此之外，它还可以用火烤或炖煮，发酵后还可以酿酒。

不仅如此，面包树的树皮还具有耐水的特性，常被海岛居民用于建造独木舟。因此，对热带地区的居民来说，面包树是一种不可或缺的实用植物。在过去，英国和法国曾将大量的面包树移植到他们位于加勒比群岛和南美洲的殖民地。

小麦、大麦

【原产地】西亚。

【学　名】*Triticum aestivum*（小麦）：属名“*Triticum*”源于其拉丁古名，与“磨损”之意有关。*Hordeum vulgare*（大麦）：属名“*Hordeum*”源于其拉丁古名。

【日文名】麦（mugi）：其语源有多种说法，有人说是因为它与其他谷物不同，需要脱壳（日语中表示脱壳的动词为“剥く”，读作“muku”），有人说它是“萌草”（读作“moeki”）的简称，还有人说它是“群芒”（读作“murenogi”）的简称。

【英文名】wheat（小麦）：源于日耳曼语，与“white”同语源。因小麦粉为白色而得名。barley（大麦）：源于日耳曼语。

【中文名】小麦、大麦。

大麦
Hordeum vulgare
自希腊和罗马时代以来，大麦比小麦更受人们喜爱。长长的麦芒十分漂亮。➡⑭

提莫非维小麦
Triticum timopheevii
几乎没有麦芒的珍贵小麦。格鲁吉亚等地区均有栽培。➡⑤

说到麦类，除了世界三大谷物之一的小麦和用于制作啤酒的大麦，还有燕麦和裸麦等。

小麦最原始的品种为“一粒小麦”（*Triticum monococcum*），早在约15000年前就已经开始栽培。公元前7000年前后，小麦被引入西南亚的新月沃地，并在西亚、巴尔干半岛、多瑙河和莱茵河流域传播开来。到公元前3000年，除北欧部分地区外，小麦已遍布整个欧洲。英国早在罗马人入侵之前就已经在种植小麦。公元前2000年前后，小麦经由中亚传入中国，欧洲人则把它带到了新大陆。

大麦和小麦从其原产地向外传播的时间大致相同，但直到中世纪初期，大麦还是比小麦更重要的主食作物。裸麦是中欧和东欧的特产，主要用于制作黑面包。燕麦又被称为“乌鸦麦”——因其麦穗的形状而得名，因作为燕麦片的原料而闻名。

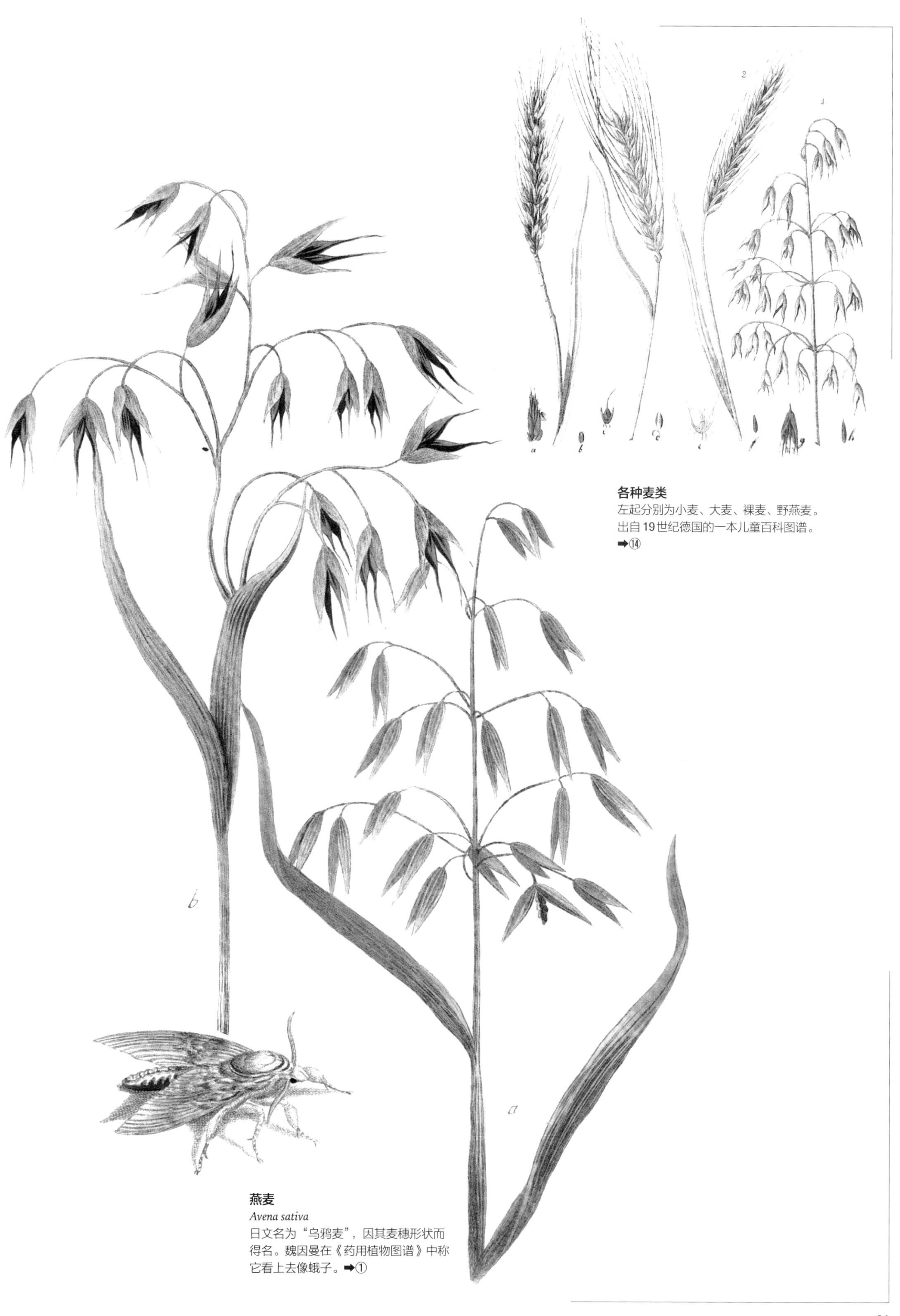

各种麦类

左起分别为小麦、大麦、裸麦、野燕麦。出自19世纪德国的一本儿童百科图谱。

➡⑭

燕麦

Avena sativa

日文名为“乌鸦麦”，因其麦穗形状而得名。魏因曼在《药用植物图谱》中称它看上去像蛾子。➡①

稻属

【原产地】 缅甸北部、泰国北部、中国云南地区。

【学　名】 *Oryza*：属名“*Oryza*”源于其希腊名，更早可追溯至阿拉伯语。

【日文名】 稻（ine）：据日本近代词典《大言海》所说：“其为‘饭根’（iine）的简称。”

【英文名】 rice：源于其希腊名，也是其属名的由来。

【中文名】 稻：意为“有黏性的谷物”。

稻
Oryza sativa
左图为稻，中间为荞麦，右图推测为与原种接近的浮水稻。➡⑭

禾本科稻属一年生草本植物，原产于从印度东北部延伸到中国云南地区的东亚半月弧地带。它与原产于高加索地区西亚半月弧地带的小麦和原产于中美洲的玉蜀黍并称为“世界三大作物”。

稻大致分为两种类型：一种是热带地区栽培的籼稻（*Oryza sativa* subsp. *indica*）；另一种是中国北部、日本和美国加利福尼亚州栽培的粳稻（*Oryza sativa* subsp. *japonica*）。前者的谷粒较长，黏性较小，过去在日本曾被称为“外米”。除此之外，稻还有粳米和糯米之分。不过，它们都是同种内的变种。

众所周知，日本的许多祭祀活动都源于稻作耕种礼仪，而将稻米拟人化的信仰在东南亚更加普遍。例如，苏拉威西岛上的巴瑶族人在丰收后，会为拟人化的（“父稻”）粳米和（“母稻”）糯米举办婚礼。傣族和掸族的人们相信，有一种灵魂，只要寄居在人身上，那个人便能获得幸福，而这种灵魂同样存在于稻米中。

玉蜀黍

【原产地】中美洲。

【学　名】*Zea mays*：属名“*Zea*”源于某种禾本科植物的古名。由卡尔·冯·林奈（Carl von Linné）命名。

【日文名】とうもろこし（唐唐黍）：唐黍原本指蜀黍，再加上一个“唐”字作为本种的日文名。

【英文名】maize（英国）：源于西印度群岛上的泰诺语。corn（美国）：在英国，主要指小麦，最早有“带种子的谷物”之意。

【中文名】玉蜀黍：俗名玉米、苞米。

玉蜀黍
Zea mays
中间为果实，右边为雌花，左边为雄花。➡⑭

玉蜀黍
Zea mays
原产于北美洲，19世纪开始在欧洲各地栽培。当时被称为“土耳其谷物”和“印度谷物”。➡⑤

玉蜀黍与小麦、稻谷并称为“世界三大谷物”。唯一可以确定的是，它的原产地在美洲大陆的某个地方，但尚未发现野生种，也不知道它是什么时候被驯化的。

在墨西哥，考古学家从公元前7000年的土层中挖掘出的玉米穗属于最古老的野生型玉米。这种玉米的每个单粒都被颖壳包裹，称为豆荚玉米。据说公元前2000年前后出现了一批现在栽培的品种。事实上，玉米几乎是新大陆栽培的唯一谷物。印加、玛雅和阿兹特克等文明都是依靠种植大量玉米而生存和繁荣下来的。“安第斯山脉”这个名称也是由种植玉米的石阶梯田“andén”（西班牙语中“梯田”的意思）演变而来的。在这些地区，玉米一直是当地人的主食，如用玉米面制作的墨西哥薄饼（tortilla）或脆脆的米果。在安第斯山脉，以玉米为原料的奇恰酒（Chicha）在宗教仪式中扮演着重要角色。

小粒咖啡

【原产地】埃塞俄比亚、阿拉伯半岛。

【学　名】*Coffea arabica*：属名“*Coffea*”源于咖啡饮料的阿拉伯名。据说最早是非洲某地的地名。

【日文名】コーヒー（kouhii）：英文名的音译。

【英文名】coffee：与属名同语源。

【中文名】小粒咖啡：其英文名的音译。俗名：咖啡、阿拉比卡咖啡。

小粒咖啡
Coffea arabica
江户时代传入日本的咖啡。这幅写生的原型应该是干燥后的标本。原图中的名称是“Koffie Baum”，来自咖啡的荷兰名。➡⑩

小粒咖啡
Coffea arabica
花梗较短，花簇生于叶脉上。果实一开始为绿色，成熟后逐渐变为黄色、红色和紫色。➡⑥

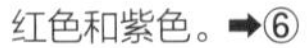

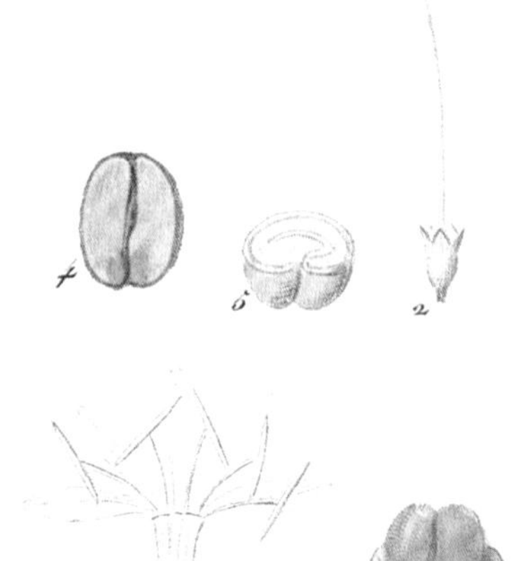

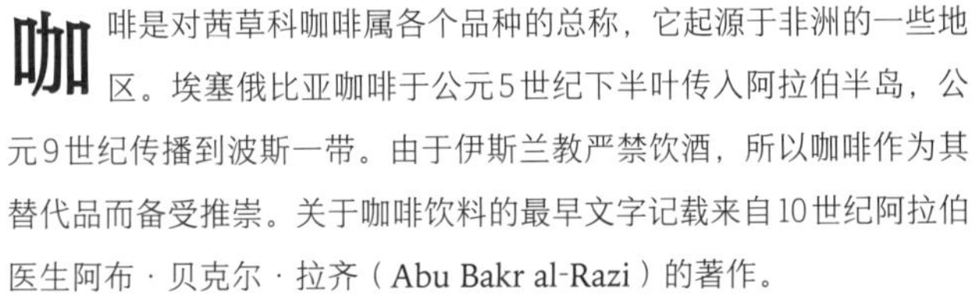

咖啡是对茜草科咖啡属各个品种的总称，它起源于非洲的一些地区。埃塞俄比亚咖啡于公元5世纪下半叶传入阿拉伯半岛，公元9世纪传播到波斯一带。由于伊斯兰教严禁饮酒，所以咖啡作为其替代品而备受推崇。关于咖啡饮料的最早文字记载来自10世纪阿拉伯医生阿布·贝克尔·拉齐（Abu Bakr al-Razi）的著作。

真正意义上的咖啡饮料始于11世纪，但根据著名哲学家伊本·西那（ibn-Sīna）的说法，当时的制作方法是直接煮生豆。直到13世纪下半叶，人们才开始烘焙咖啡豆并将其用水煮沸，使之成为一种日常饮品。当时，有一个词叫“Kaweh”，后来人们用它来称呼咖啡。16世纪，咖啡传入土耳其。17世纪，土耳其人围攻维也纳后，咖啡传入欧洲，许多国家都出现了咖啡店。大城市的咖啡店成为崇尚新思想的知识分子的沙龙。虽然荷兰人在很早之前就将咖啡带到了日本，但直到明治时期之后，它才开始在日本普及。

可可

【原产地】中美洲、南美洲北部。

【学　名】*Theobroma cacao*：属名“*Theobroma*”源于其希腊语，意为“神的食物”。由林奈命名。

【日文名】かかお（kakao）：其英文名的音译。

【英文名】cacao：起源于玛雅语系。

【中文名】可可：其英文名的音译。

可可

Theobroma cacao

大部分花直接开在树干上。果实一开始为白绿色，逐渐变为深黄色，成熟后还会带点红。➡⑥

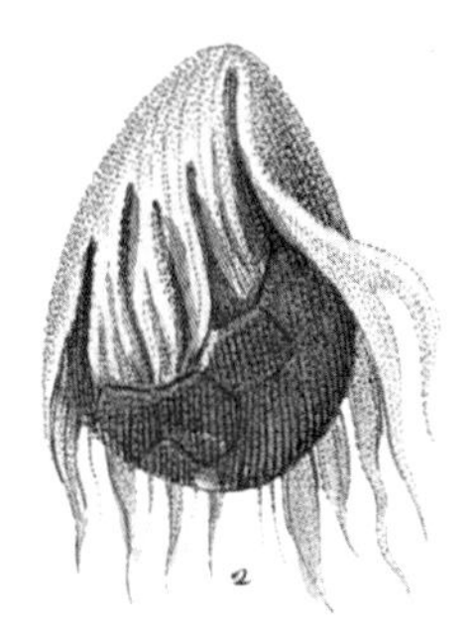

锦葵科可可属常绿乔木，其果实可用于制作可可和巧克力。可可原产于热带美洲的亚马孙河及奥里诺科河流域的森林中，自史前时代起就被广泛种植。在古代，人们将可可豆与玉米混合碾碎，然后加水、辣椒煮沸后制成饮料（偶尔还会加入香草调味）。

在玛雅语言中，这种饮料被称为“Cacahuatl”，“cacao”（可可）一词即来源于此。而在阿兹特克语中，这种饮料被称为“Chocolatl”，“chocolate”（巧克力）一词就由此而来。在过去，可可豆在这些地区还充当着货币的作用，阿兹特克人以征税的形式要求可可产区的部落向其进贡可可豆。而可可饮料直到18世纪才在欧洲流行起来。例如，在小说家阿加莎·克里斯蒂（Agatha Christie）的推理小说中，比利时侦探赫尔克里·波洛（Hercule Poirot）就对其情有独钟。可可在大正时代中叶传入日本。现在，除美国外，非洲的加纳和尼日利亚的可可产量也很高。

蕈菌

【原产地】全世界。

【学　名】*Mycota*：指与动物界、植物界并列的另一生物群——菌界。源于希腊语中指代蕈菌的词。Fungus：蕈菌是菌类中拥有子实体的大型真菌的总称，并不是学术层面的分类。该拉丁名源于希腊语“sphongos”，意为“海绵”。

【日文名】茸（kinoko）：意为“木之子”（日语中的发音与“茸”相同），或因其寄生特性而得名。“茸”本意为“繁密的草”，后来受“木耳”启发，最终用来指代蕈菌类菌菇。

【英文名】mushroom：源于其中世纪的拉丁语，经由法语最终进入英语中。语源不详。

【中文名】蕈菌：草字头下面的“囷”表示“聚集”。

美味牛肝菌属一个未知种
Boletus sp.
欧洲牛肝菌科真菌。一种具有代表性的可食用菇。➡㉒

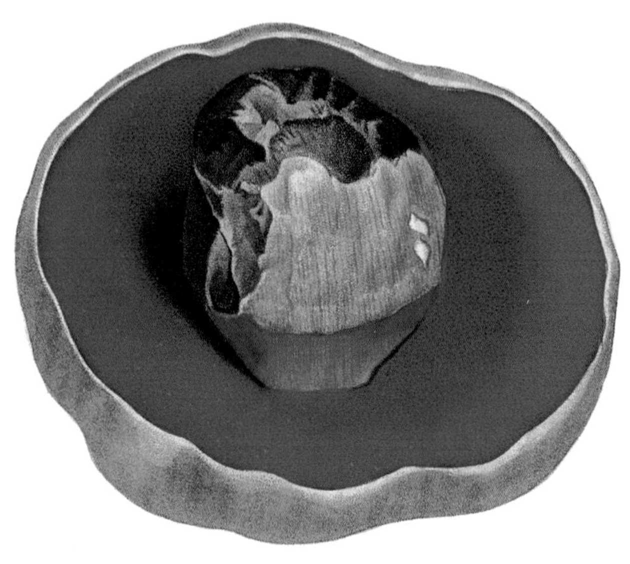

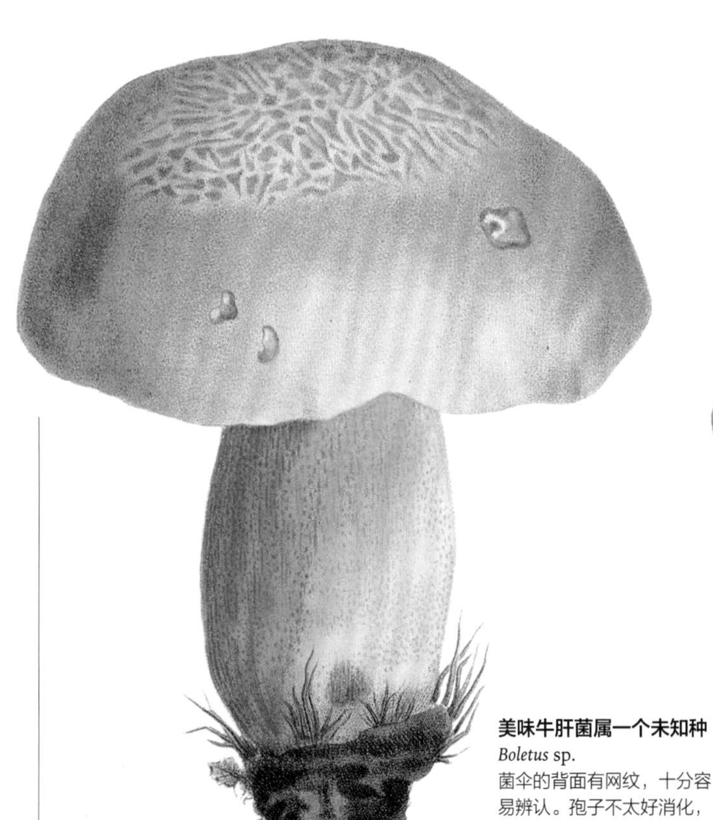

美味牛肝菌属一个未知种
Boletus sp.
菌伞的背面有网纹，十分容易辨认。孢子不太好消化，菌体很少含有毒素。➡㉒

蜜环菌属一个未知种（上），拱顶菇属一个未知种（左中），金盖鳞伞属一个未知种（右）
Armillariella sp. *Camarophyllas* sp. *Phaeolepiota* sp.
均可食用。拱顶菇非常美味，生长在“仙女环”（蕈类族群自然排列而成的环，在欧洲民间传说中，它是精灵或小仙子跳舞的地方）里。➡㉒

四孢蘑菇属一个未知种
Agaricus sp.
均为四孢蘑菇。与野蘑菇（*Agaricus arvensis*）极为相似。➡㉒

葡萄色珊瑚菌属一个未知种和羊肚菌属一个未知种
Ramaria sp.,*Morchella* sp.
葡萄色珊瑚菌（左上和左下）是一种美味的菌类，口感香脆，烘干后非常硬实。羊肚菌（右）烘干后也可用于料理。
➡㉒

乳菇属一个未知种
Lactarius sp.
这种菌类的子实体受伤后会分泌大量的乳状汁液。如果汁液没有辣味，可直接食用。如果有辣味，用水冲洗后可食用。➡㉒

蕈菌是菌类中拥有子实体的大型真菌的总称。若抛开这一点，则很难将其与霉菌区分开来。子实体是菌类的生殖器官，相当于植物的花，孢子就生于此。它们通常以菌丝体的形式存在于土壤中，与霉菌类似。蕈菌最常见的用途是食用。

除双孢蘑菇（*Agaricus bisporus*）外，欧洲的食用蕈在日本并不常见，以下是几个典型的例子。

牛肝菌科菌类的菌伞的背面不是菌褶，而是网纹，因此很容易辨认。牛肝菌科中的大部分菌类都是无毒的，但有些个体由于过度生长，菌伞的背面产生大量孢子，很难消化，最好在食用前去除这些孢子。

包括双孢蘑菇在内的伞菌属（*Agaricus*）的“菌褶”在幼菌时期是白色的，菌伞打开后会变成暗紫色，这是由孢子的颜色所致。

红菇科乳菇属菌类的子实体受伤后会分泌大量乳状汁液，如果汁液没有辣味，可直接食用。如果有辣味，用水冲洗后可食用。

与东方的香菇（*Lentinula edodes*）一样，珊瑚菌和羊肚菌通常被制成干货后用于料理。在法国菜中，它们是烹饪鸭肉和鹿肉时不可或缺的配料。此外，其他重要的欧洲食用蕈还包括拱顶菇和金盖鳞伞等。

烟草属

【原产地】南美洲。

【学　名】*Nicotiana*：属名源于法国驻葡萄牙里斯本大使让·尼古特（Jean Nicot）的名字。尼古特从荷兰商人那里购买的烟草种子，并将其作为礼物赠送给葡萄牙和法国的宫廷。

【日文名】烟草（tabako）：其英文名的音译。

【英文名】tobacco：源于西印度群岛的泰诺语，意为“烟斗”或“卷烟”。一般认为，该词英语化时融合了多巴哥岛（Tobago Island）的名字。

【中文名】烟草。

烟草
Nicotiana tabacum
烟草的花美得动人心魄。花通常为白色、淡黄色或其他浅色，自花授粉率高达95%以上。➡㉓

原产于新大陆的茄科烟草属一年生植物，开的花十分美丽。早在烟草起源之前，古埃及人和欧洲人就有吸食熏烤叶片烟雾的习惯，但没有任何一种植物能像烟草一样将“吸烟”这一行为变成全球性的“风尚”。

哥伦布的手下罗德里戈·德·杰雷斯（Rodrigo de Jerez）和路易斯·瓦斯·德·托雷斯（Luís Vaz de Torres）是最早目睹新大陆吸烟习俗的欧洲人，但哥伦布对二人在古巴岛上的奇妙见闻一点也不感兴趣。吸烟的习俗始于南美洲，并在公元5世纪前后传播到加勒比海

黄花烟草
Nicotiana rustica
烟草的近缘种，主要栽培在俄罗斯及其周边、印度等地。尼古丁含量高，与烟草的用途相同。➡㉒

和墨西哥。从建立了辉煌帝国的玛雅人和阿兹特克人的神庙的浮雕中可以看出，吸烟在当时十分盛行。

在欧洲，烟草最早是在16世纪作为药草传入的，具有治愈伤口和肠道疾病的功效。17世纪在路易十四统治下的法国，烟草以鼻烟的形式流行起来。之后，抽烟斗在荷兰和英国普及开来，因为当时有传言说烟草是治疗瘟疫的特效药。

蒌叶

【原产地】马来西亚。

【学　名】*Piper betle*：属名“*Piper*”源于希腊语，最早来自梵语，意为“胡椒”。种加词“*betle*”在马来语中指本植物，意为“简单的叶子”。

【日文名】きんま（kinma）：源于泰语“kin màak”。“kin”意为“嚼”，“màak”指槟榔。

【英文名】betle pepper：与学名同语源。

【中文名】蒌叶。

蒌叶
Piper betle
马来西亚当地人习惯用蒌叶来招待客人。15—16世纪，东南亚产的漆器也被称为“蒟酱”（与日语中的“蒌叶”发音相同，同为“kinma”）。
➡⑥

胡椒科胡椒属攀援藤本植物，原产于马来地区，是该地区重要的嗜好品原料。印度和非洲也有栽培。

东南亚的许多地方都有嚼“槟榔口香糖”的习惯，即在槟榔的果实上撒上石灰，再用蒌叶包裹，然后像嚼口香糖一样嚼着吃。有时还会掺入烟草、丁香和肉豆蔻。在这种情况下，槟榔种子中的成分会与石灰发生反应，不仅是唾液，连口腔内的黏膜也会被染成朱红色，最终整个口腔都变成了红色。

此外，槟榔中含有的生物碱和蒌叶的精油成分主要作用于人的神经系统，可提神并让人心情愉悦，有时甚至会让人产生一种飘飘然的感觉。还有人说，咀嚼槟榔有助于补充钙质。

酸浆

【原产地】北美洲。

【学　名】*Alkekengi officinarum*：属名“*Alkekengi*”源于希腊语，意为“膀胱”。其荚果膨大呈袋状，形似膀胱，因而得名。

【日文名】酸漿（houzuki，也写作“鬼灯”）：其茎上时常布满一种臭虫，这种虫子在日本的某些方言中被称为“hou”，因而得名。

【英文名】husk tomato：意为“包壳番茄”。ground cherry：意为“大地樱桃”。

【中文名】酸浆：意为“有酸味的液体”。

酸浆
Alkekengi officinarum
a和b均为酸浆。➡①

酸浆
Alkekengi officinarum
酸浆的法语名“coquelet”，意为“小小的公鸡”，因其花朵形似鸡冠而得名。➡⑤

茄科植物，其果实可观赏或食用。它的原产地并无确切的定论，除条目内提到的地方，也有人说它来自小亚细亚。

日本浅草寺在“四万六千日”（每年7月9日至10日，日本各寺设立的“缘日”之一）期间举办的“酸浆果集市”是东京著名的夏季活动。宽政年间（1789—1801年）之前，浅草寺出售的是茶筅。文政年间（1818—1830年）之前，改售附子粉，而在文化年间（1804—1818年）之后，则开始出售避雷用的红玉米。售卖酸浆果是近几十年才开始的。在平安时代，酸浆因其绿色果实在阴干后具有镇静的作用而备受青睐。

酸浆的许多古名都与蛇有关，如“akakagachi”（赤酸浆，“aka”指红色，“kagachi”为神话中的大蛇），现在的名字“houzuki”也来自蛇的古名“haha”。在日本古代神话中，八岐大蛇的眼睛常被比作“赤酸浆”，据说这是因为酸浆的袋状荚果形似蝮蛇的头。在江户时代，酸浆被广泛用作堕胎药、安产药、小儿退烧药，以及治疗头痛、腹痛和咽喉痛等疾病的药物。盂兰盆节期间，日本人会用酸浆果形状的灯笼迎接神灵，因此，酸浆也被视为神灵的象征。

啤酒花

【原产地】 西亚。

【学　名】 *Humulus lupulus*：属名“*Humlus*”源于其低地德语名，再演变为拉丁语。

【日文名】 ほっぷ（hoppu）：其英文名的音译。

【英文名】 hop：源于日耳曼语。

【中文名】 啤酒花：意为“酿造啤酒的花”。

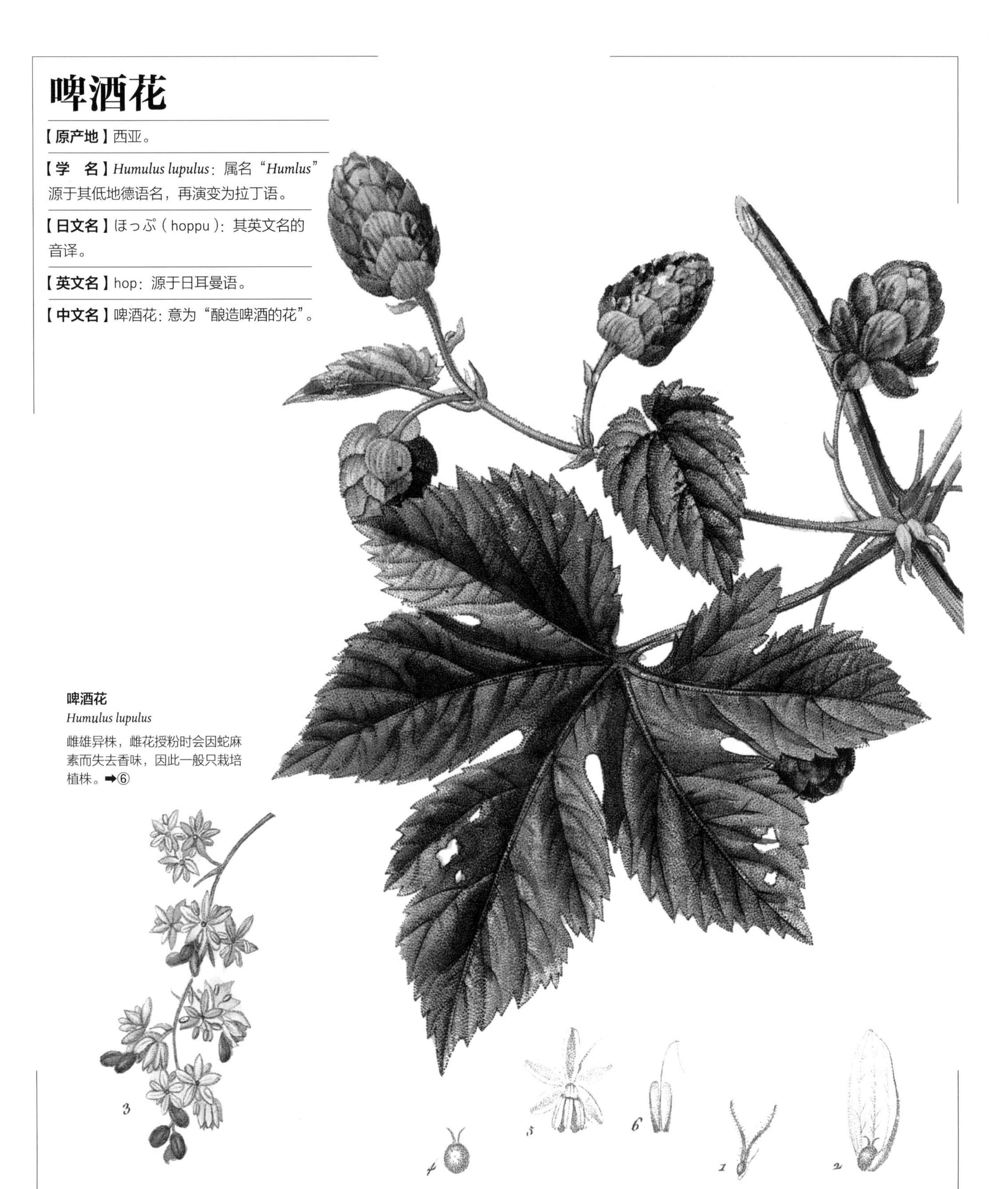

啤酒花
Humulus lupulus
雌雄异株，雌花授粉时会因蛇麻素而失去香味，因此一般只栽培植株。➡⑥

雌花中产生的蛇麻素（啤酒花苦味素）不仅赋予了啤酒特有的苦味和香气，还能沉淀蛋白质，抑制啤酒浑浊，改善发泡和防止变质。

啤酒花最早是在亨利八世统治时期传入英国的。有一句俗语说：“啤酒花、宗教改革、月桂树和啤酒在同一年抵达英格兰。”这里的啤酒指的是德国和荷兰风格的啤酒花啤酒，与在此之前就已经存在的苏格兰爱尔啤酒（以麦芽为原料）不同。然而，这种新啤酒并不受当地统治者的欢迎。他们认为啤酒花是一种有毒的植物，会使啤酒的味道变差，并且危害国民的健康，因此多次禁止栽培啤酒花。直到16世纪末，啤酒花才开始广泛普及。

根据英格兰东南部的习俗，第一次到啤酒花田的人会被要求用一捆啤酒花擦鞋，并支付一份被称为“靴金”或“足金”的礼金。据说，用啤酒花的果实制作的枕头可以治疗失眠和风湿病，英国国王乔治三世就非常喜欢。

甘蔗

【原产地】新几内亚。

【学　名】*Saccharum officinarum*; 属名"*Saccharum*"源于其古希腊名，意为"砂糖"，据说最早用来指代马来地区。

【日文名】さたうきび（砂糖黍）：意为"能提取砂糖的黍"。

【英文名】sugar cane：意为"砂糖的茎"。"cane"最早指"芦苇"。

【中文名】甘蔗。

甘蔗
Saccharum officinarum
可以提取蔗糖的茎部细节。如图所示，西方博物插图的传统描绘方式是清晰地展现事物的剖面。➡⑥

甘蔗
Saccharum officinarum
有的甘蔗能长4米高。其种加词"officinarum"意为"药用的"，这说明在过去它被放在药店里出售。➡⑥

禾本科甘蔗属植物，新几内亚在1万多年前开始栽培甘蔗，公元前2000年，甘蔗被引入印度。有一种说法称，亚历山大大帝在公元前3世纪远征印度时将它带到了希腊，但没有确切的证据。

关于甘蔗制糖的最早记录出现在公元5世纪的印度。7至8世纪，美索不达米亚地区也是蔗糖的重要产地。后来，随着伊斯兰教的建立和阿拉伯人的西进，甘蔗在整个地中海地区得到广泛传播。除塞浦路斯、克里特岛和西西里岛外，西班牙也成为甘蔗的主要产地。这为伊比利亚半岛基督教国家建立后的大航海时代在西印度群岛建立奴隶甘蔗种植园提供了条件。在长达300年的时间里，蔗糖成为三角贸易中最重要的贸易品之一。拿破仑发动的战争导致法国蔗糖短缺，于是当局开始大力发展甜菜制糖产业，至此，漫长的奴隶种植园时代终于画上了句号。

胡桃

【原产地】欧亚大陆温带地区、美洲。

【学　名】*Juglans regia*：属名“*Juglans*”源于拉丁语，意为“朱庇特之果”。老普林尼曾使用过该名称。

【日文名】くるみ（胡桃）：《大言海》中记载，胡桃别名“吴桃”，意为“吴果”。

【英文名】walnut：古英语意为“凯尔特人之果”。

【中文名】胡桃：其意或为“异国的桃子”，俗名核桃。

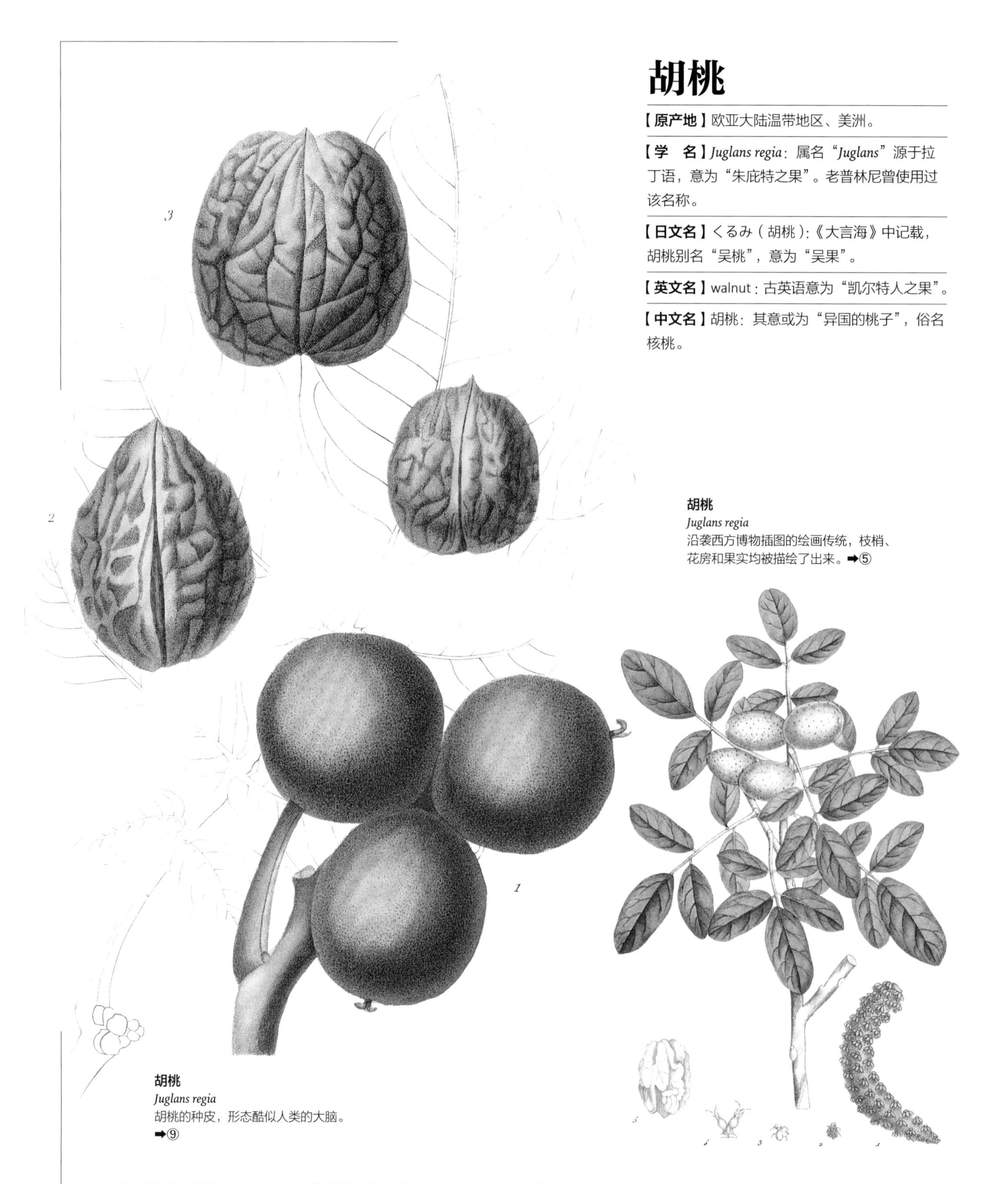

胡桃
Juglans regia
沿袭西方博物插图的绘画传统，枝梢、花房和果实均被描绘了出来。➡⑤

胡桃
Juglans regia
胡桃的种皮，形态酷似人类的大脑。
➡⑨

胡桃科胡桃属落叶乔木。其中，欧洲树种为波斯胡桃，顾名思义，原产于伊朗，公元前3世纪传入地中海。由于是外来物种，它在各种语言中的名字都意味着“异国之树的果实”。

在古希腊和古罗马，这种树的果实被认为是属于天神的，因此其属名又名“朱庇特之果”。据说在黄金时代，人吃橡子，神吃胡桃。胡桃的果实寓意着“多产”，因此它经常出现在结婚仪式上。现在，人们仍将核桃作为婚礼和圣诞节的礼物。在基督教传说中，圣母马利亚前往伯利恒时，一路上都有胡桃树为她遮风挡雨，胡桃树叶还被用作圣餐装饰。在英国，胡桃木长期以来一直是珍贵的家具木材，直到19世纪被桃花心木抢去风头。英国人还认为，胡桃树与栎树相克，如果把这两种树种在一起，其中一个就会枯萎。

在古老的传说中，由于核桃坚硬的表面酷似大脑，所以它被认为可以治疗脑部疾病。

胡桃

Juglans regia

从树干开始，一层层剥开，最后露出果仁。左上角为花生。➡⑤

扁桃

【原产地】西亚。

【学　名】*Prunus dulcis*：属名“*Prunus*”源于李的古拉丁名。种加词“dulcis”意为“有甜味的”。

【日文名】あーもんど：其英文名的音译。

【英文名】almond：源于本物种的古希腊语，最早起源于闪米特语。

【中文名】扁桃。

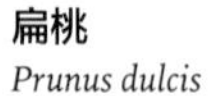

扁桃
Prunus dulcis
不多见的扁桃花插图。它象征着“不朽之爱”和“纯爱”。
➡⑧

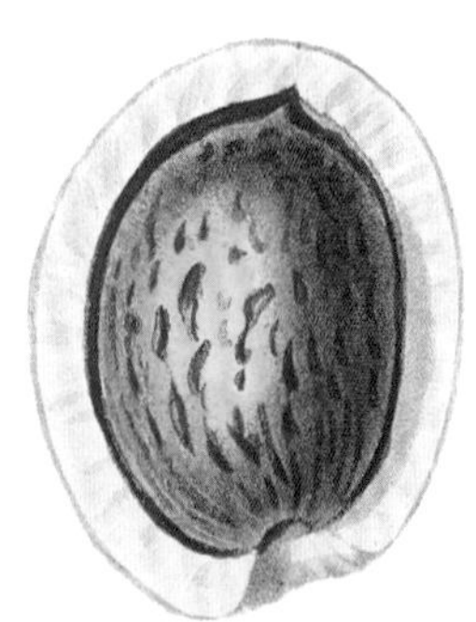

扁桃
Prunus dulcis
不看未成熟的扁桃图1和图2，仅看图3中（扁桃成熟后的样子）便能看出它是桃子的近缘。图4为图3的剖面。
➡⑨

蔷薇科李属落叶果树。扁桃有两个品种，分别为苦仁种和甜仁种，前者是咳嗽药的原料，后者则用作坚果。甜仁种主要分布于法国、西班牙、以色列等地中海国家和美国的加利福尼亚州。在欧洲，扁桃树自古以来就被奉为“圣树”。

在《圣经·旧约》中，以色列人离开埃及后，人们需要决定从哪个部落挑选祭司，于是他们将由扁桃木制成的木杖插在各个帐篷前占卜，结果利未族人亚伦的木杖上开出了花。希腊神话中有这样一个悲剧爱情故事：女主人公菲莉丝翘首以盼爱人得摩丰归来，最后却因思念过度而亡。菲莉丝的墓就在扁桃树的树洞里，当得摩丰来到墓地祭奠时，所有的花一下子全开了。从此，扁桃成为“不朽之爱”的象征。

在基督教传说中，扁桃被视为圣母马利亚的象征。在欧洲中世纪的传说中，当沉溺于维纳斯堡奢靡生活的唐豪瑟（Tannhauser）向教皇乌尔巴诺四世（Pope Urban IV）忏悔自己的罪行并乞求原谅时，乌尔巴诺四世回答道：“如果这根扁桃木杖能开花，我就宽恕你。”说完便将唐豪瑟赶了出去。但乌尔巴诺四世没想到木杖真的开花了，于是他急忙派人去找唐豪瑟。

阿月浑子

【原产地】西亚。

【学　名】*Pistacia vera*：属名“Pistacia”源于古希腊语，意为“坚果类的”。最早可追溯至波斯语。

【日文名】ピスタチオ：其英文名的音译。

【英文名】pistachio：由其希腊语名演变而来。

【中文名】阿月浑子，俗名开心果。

阿月浑子
Pistacia vera
这幅插图再现了其果实上红绿相间的色调，妙不可言。➡⑨

漆树科黄连木属树木，其种子可作为坚果食用。阿月浑子自古以来就被用作食物，在新石器时代早期的遗址中曾有出土。公元1世纪，它从叙利亚传入罗马，随后传播到地中海沿岸。

阿月浑子是耐旱植物，《圣经》中也有提及。它的种皮坚硬且有裂口，因此很容易取食里面的果仁。其果实又被称为“开心果”，有“坚果之王”的美称。果实呈绿色，富含脂肪和蛋白质，常被用作威士忌的百搭小食。此外，将其捣碎后还能加入冰激凌中，绿油油的颜色尽显高贵之气。果仁的绿色越深，品质越高。其绿色的精油还可用作香料。现在，阿月浑子依然是伊朗和阿富汗的特产，不过地中海沿岸的国家和美国等地也有栽培。

文政时期（1818—1830年），荷兰船只曾将其带入日本，明治中期又进行了一次尝试，但由于气候不适宜其生长，最终栽培失败。同属的黄连木因遍植于中国（包括中国台湾在内）的孔庙而闻名。

栗属

【原产地】中国、日本、西亚。

【学　名】*Castanea*：属名源于其古希腊名。源于色萨利地区首府卡斯塔纳（*Castana*）的名字。

【日文名】栗（kuri）：与“黑暗”（kurai）有关。或因其树皮和果壳发黑而得名。

【英文名】chestnut：源于其古希腊名，再加上“nut”一词。

【中文名】栗：象形文字，字形以“木”为基础，上面的树结着刺果。

日本栗
Castanea crenata
图1和图2均为栗，法国人将图1称为“châtaignier”，图2称为“marron”。➡⑨

烤栗子是法国巴黎冬季的传统小食，中国有天津甘栗，日本也有栗子，它们虽然有相似之处，却是不同的品种。

欧洲栗原产于亚美尼亚地区，当时除地中海沿岸有栽培外，栗树林遍布整个欧洲。栗树在罗马时代就有栽培，到了中世纪，地中海沿岸的国家仍在种植。英国的栗木因其硬度和耐水性而备受推崇，但果实逊色于地中海地区的栗子。19世纪初，栗树被引入美国，但并未推广开来。

中国栗原产于华北地区，早在公元前就有栽培记录。由于栗瘿蜂肆虐，日本很难栽培甘栗，因此现在一直从中国进口。

日本栗是本土物种，绳文时代的考古遗址中已有出土，栽培历史也很悠久。平安时代，栗子被制成甘栗仁，作为皇室的赏赐品赠送给新任命的大臣。胜栗被日本人视作新年的吉祥物，也是庆功宴上不可或缺的食物。

榛属

【原产地】北温带地区。

【学　名】*Corylus*：属名源于古希腊语，意为“头盔”。或因其果实被头盔状的果苞所包裹而得名。

【日文名】榛（hashibami）：《牧野日本植物图谱》中写道：“汉字还可写为‘叶柴实’或‘榛柴实’，一般认为，读作‘hashibami’是因为其叶片有褶皱——称为‘叶皱’（发音为‘hashiwami’），因而得名。”

【英文名】hazel：源于日耳曼语，在古代时与其属名有关。

【中文名】榛。

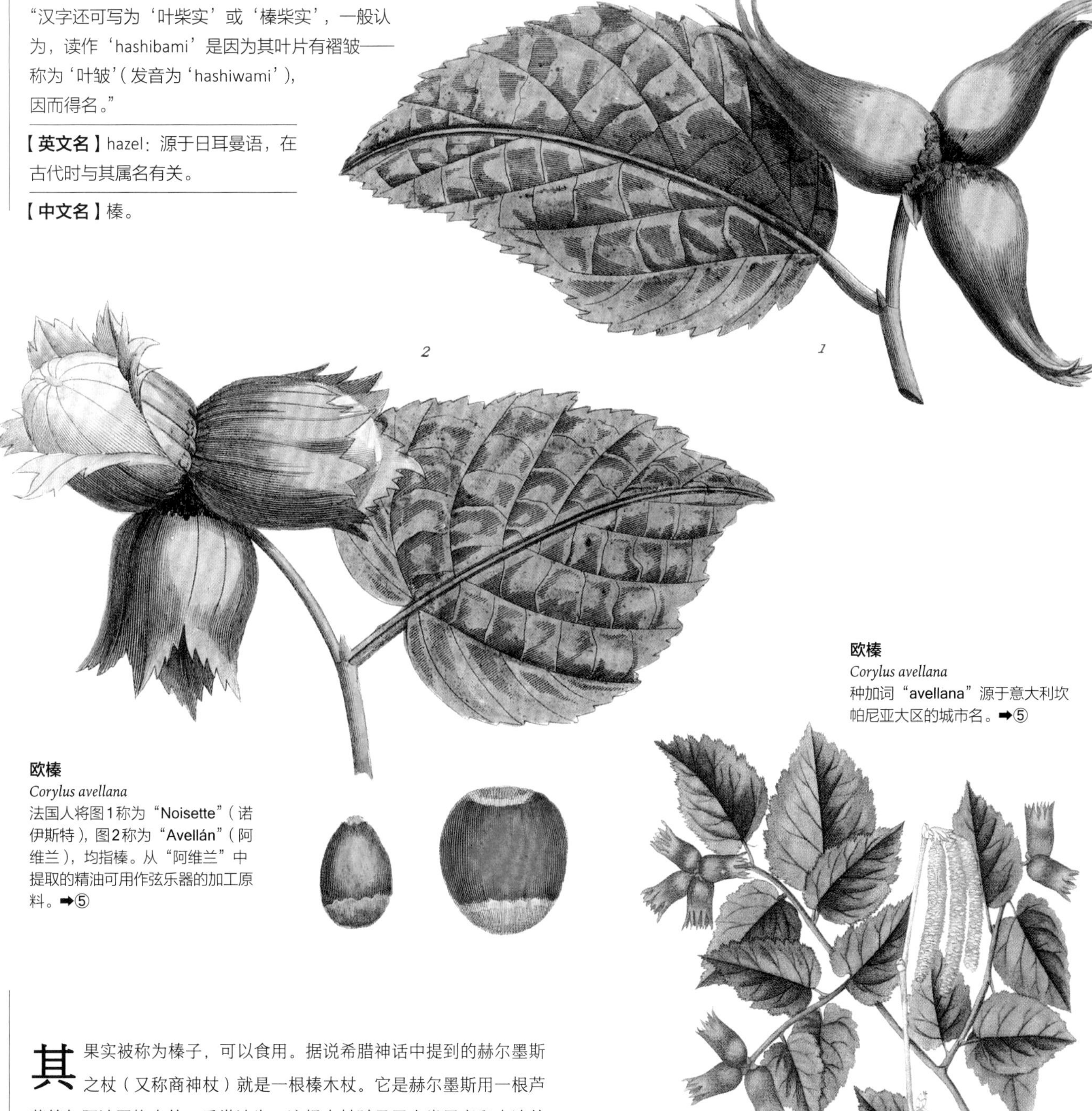

欧榛
Corylus avellana
种加词“avellana”源于意大利坎帕尼亚大区的城市名。➡⑤

欧榛
Corylus avellana
法国人将图1称为“Noisette”（诺伊斯特），图2称为“Avellán”（阿维兰），均指榛。从“阿维兰”中提取的精油可用作弦乐器的加工原料。➡⑤

其果实被称为榛子，可以食用。据说希腊神话中提到的赫尔墨斯之杖（又称商神杖）就是一根榛木杖。它是赫尔墨斯用一根芦苇笛与阿波罗换来的。后世认为，这根木杖赋予了人类思考和表达的能力。因此，榛木被认为是智慧的象征。从中世纪开始，Y形榛木杖就被用来占卜矿藏和水源，以及挖掘宝藏。据说，只要身处准确的探测地，树枝就会发出响动来提醒使用者。

在古罗马时代，这种树被用作新婚之夜的照明物，因为人们认为它能带来和平与幸福。在北欧神话中，它被视为“雷神托尔之树”，能够保护房屋和墓地免遭雷击。凯尔特人把它奉为“智慧之树”，如果擅自砍伐，会被处以死刑。在英国，据说只要将榛木做的三个楔子插入房子中，这座房子就能防止火灾的发生。

七叶树属

【原产地】北温带地区。

【学　名】*Aesculus*：属名源于某种青冈属植物（*Cyclobalanopsis Oerst*）的拉丁古名，原意为“粮食”。由林奈命名。

【日文名】まろにえ（maroeni）：源于其法语名“marronier”，本意为“栗子树”。

【英文名】horse chestnut：意为“大而下等的栗子”，也因其可作家畜用药而得名。

【中文名】七叶树。

欧洲七叶树
Aesculus hippocastanum
在魏因曼的《药用植物图谱》中，它被视为栗的一种，其实是七叶树属植物。种加词有“马栗”之意。➡①

作为巴黎有名的行道树，人们现在已经不再食用这种乔木的果实和种子，但在过去，它们曾是一款名为“marron glacé”（糖渍栗子）的糖果糕点的原料。

其英文名“horse chestnut”，意指“马栗”，有人说，这可能是因为其果实曾被用作牲畜饲料和治疗马咳嗽的药物。种加词“*hippocastanum*”在拉丁语中意为“治疗气短的马”。在英国，有一款儿童游戏叫“康克戏”（Conker），双方用系在绳上的七叶果轮流互击，直到其中一方的七叶果被击碎。最早的康克戏用的道具是蜗牛壳，所以命名时分别取了“贝壳”（Conch）和“战胜”（Conquer）之意。

人们认为这种树能有效驱虫，因此，有些人去河边或森林时会把树叶插在帽子上。树皮煎煮后还可用于治疗发烧，也可外敷治疗疖肿。其果实还被用于预防风湿病和神经痛，以及作为咖啡的替代品。它的种子中含有七叶皂苷，所以还可用于制造皂粉。

露兜树

【原产地】太平洋和印度洋海域的热带地区。

【学　名】*Pandanus tectorius*：属名“*Pandanus*”由其马来语名演变为拉丁语名。种加词“*tectorius*”意为“覆盖”。

【日文名】あだん：源于其琉球名。

【英文名】screw-pine.

【中文名】露兜树。

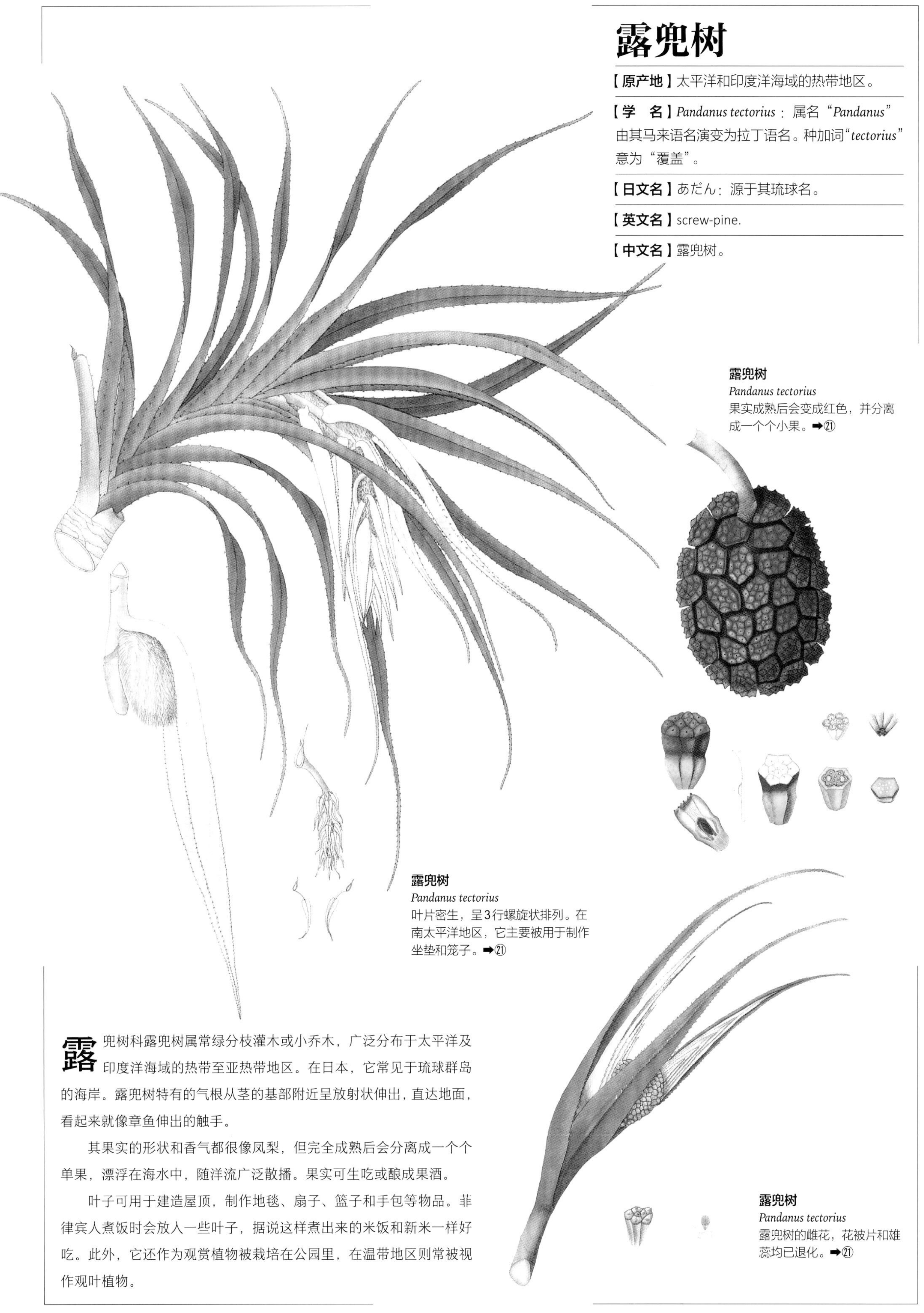

露兜树
Pandanus tectorius
果实成熟后会变成红色，并分离成一个个小果。➡㉑

露兜树
Pandanus tectorius
叶片密生，呈3行螺旋状排列。在南太平洋地区，它主要被用于制作坐垫和笼子。➡㉑

露兜树
Pandanus tectorius
露兜树的雌花，花被片和雄蕊均已退化。➡㉑

露兜树科露兜树属常绿分枝灌木或小乔木，广泛分布于太平洋及印度洋海域的热带至亚热带地区。在日本，它常见于琉球群岛的海岸。露兜树特有的气根从茎的基部附近呈放射状伸出，直达地面，看起来就像章鱼伸出的触手。

其果实的形状和香气都很像凤梨，但完全成熟后会分离成一个个单果，漂浮在海水中，随洋流广泛散播。果实可生吃或酿成果酒。

叶子可用于建造屋顶，制作地毯、扇子、篮子和手包等物品。菲律宾人煮饭时会放入一些叶子，据说这样煮出来的米饭和新米一样好吃。此外，它还作为观赏植物被栽培在公园里，在温带地区则常被视作观叶植物。

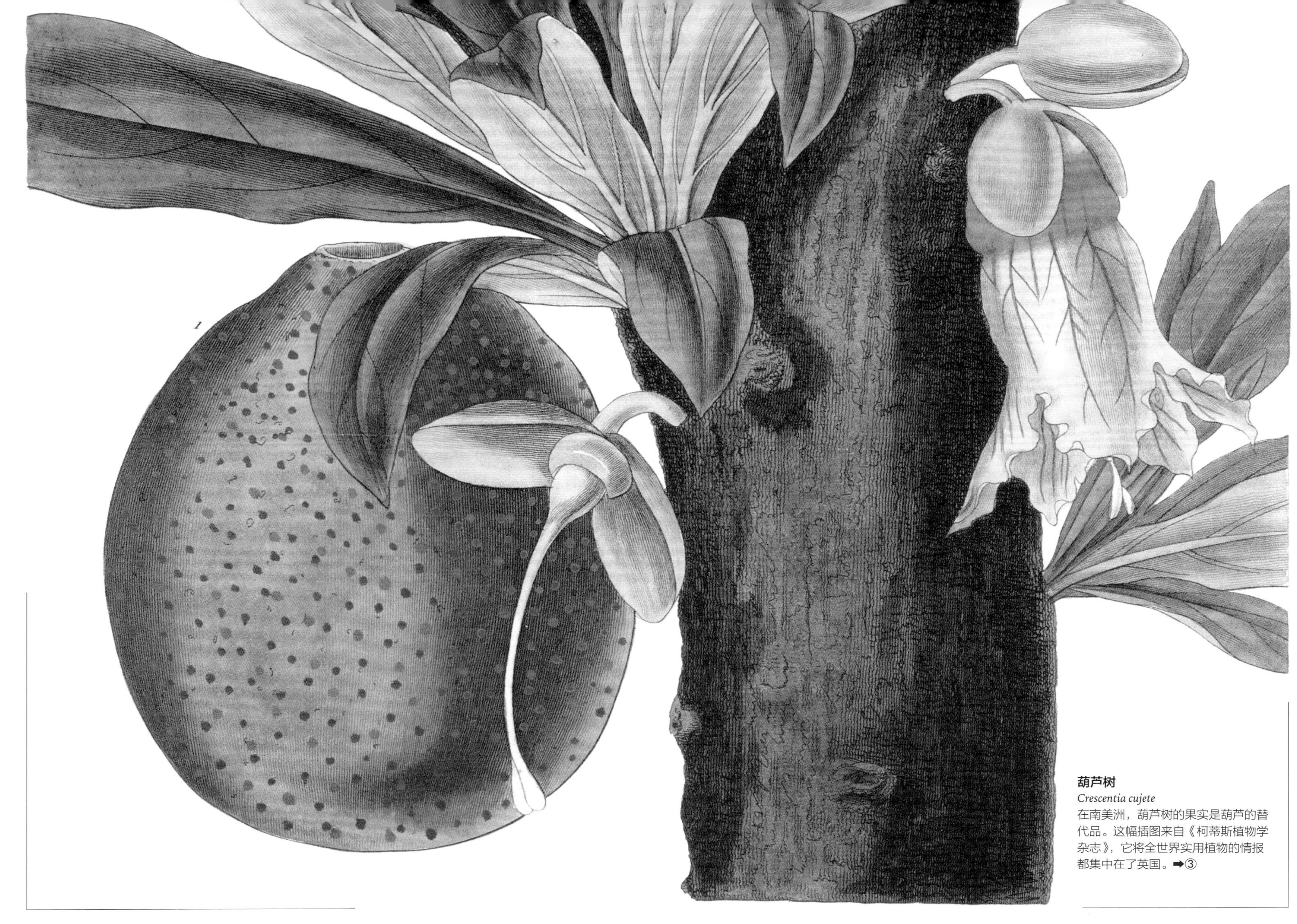

葫芦树

Crescentia cujete

在南美洲，葫芦树的果实是葫芦的替代品。这幅插图来自《柯蒂斯植物学杂志》，它将全世界实用植物的情报都集中在了英国。➡③

葫芦树

【原产地】热带美洲。

【学　名】*Crescentia cujete*：属名“*Crescentia*”源于中世纪意大利作家彼得罗·德·克雷森齐（Pietro de' Crescenzi）的名字。

【日文名】ふくべのさ（瓢の木）：其果实像葫芦，可用作容器，因而得名。

【英文名】calabash tree：意为“葫芦树”。

【中文名】葫芦树。

紫葳科葫芦树属常绿乔木，原产于热带美洲地区，那里分布着多个品种。

树高可达10米，花单生于小枝上，呈下垂状。果实为球形，较大，直径30～50厘米。果皮坚硬，果肉中有许多种子。它的果皮和葫芦一样，可做成容器，或打磨成雕刻品和装饰品。幼果可以腌制，种子烹调后也可食用。

漆树属

【原产地】中国。

【学　名】*Toxicodendron*。

【日文名】漆（urushi）：推测为“潤汁”（urushiru）或“塗汁”（nurushiru）读音的误传。

【英文名】varnish tree：意为“清漆树”。lacquer tree：意为“树脂漆树”，“lacquer”也有“漆器”之意。

【中文名】漆树。

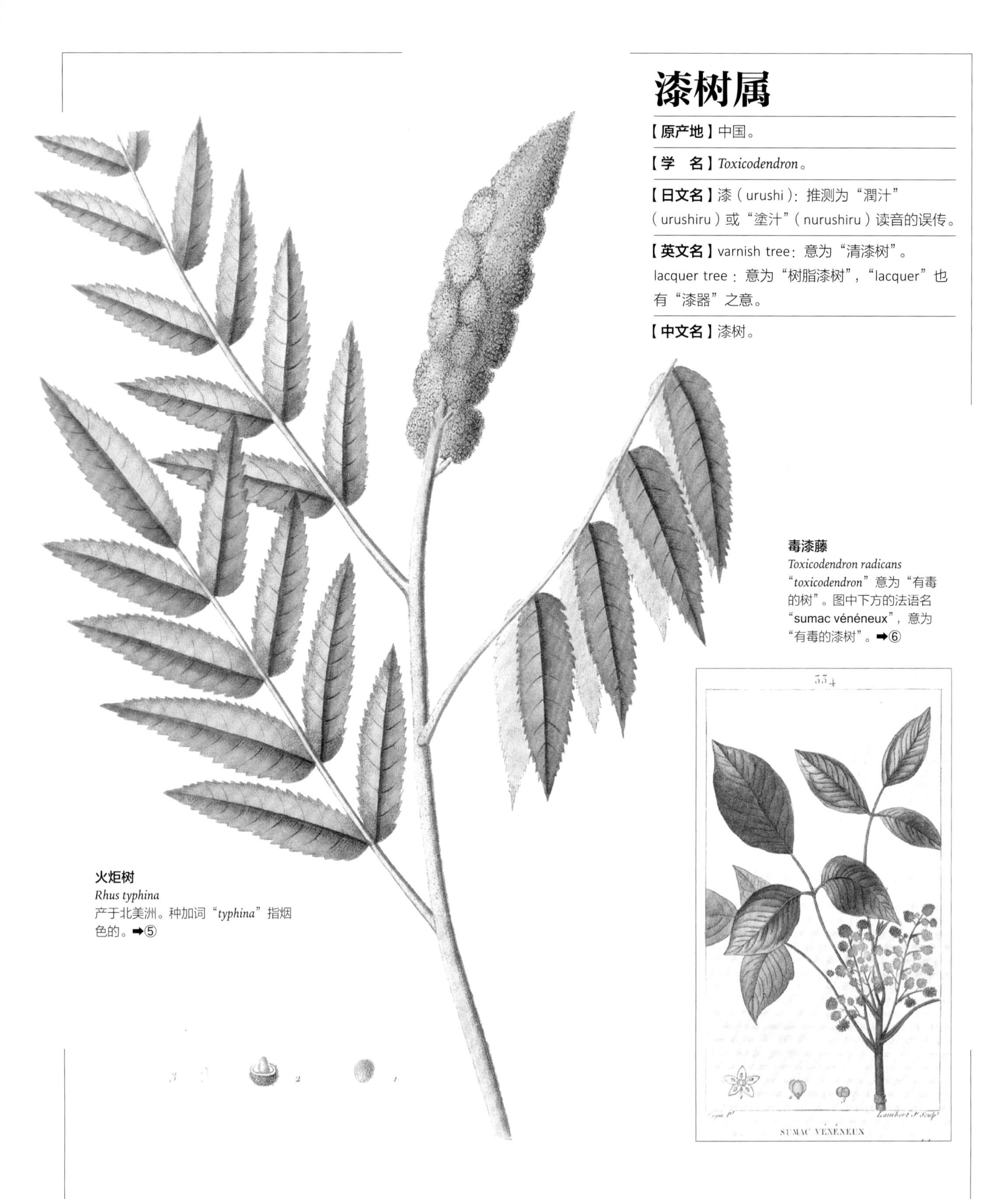

毒漆藤
Toxicodendron radicans
“*toxicodendron*”意为“有毒的树”。图中下方的法语名“sumac vénéneux”，意为“有毒的漆树”。➡⑥

火炬树
Rhus typhina
产于北美洲。种加词“*typhina*”指烟色的。➡⑤

漆树科漆树属落叶乔木，其树液是制作漆器的原料。漆是树干次生韧皮部中漆汁道里分泌的树液，为了收集这种汁液，人们会有计划地栽培漆树。采集漆液的方法有两种：一种是在当年采完所有的生漆，即“杀生采集”；另一种是隔几年后等树木恢复后再进行采集，即“养生采集”。

中国自商、周时代就开始栽培漆树，并且很早就实现了产业化，日本绳文时代末期的遗址中也出土了表面用漆处理过的木制品。此外，同属的印度漆树和安南（古越南）漆树也能提取漆液，但人们一般认为日本产的质量更好。在日本锁国时期，漆器是其向荷兰出口的重要贸易品，如今荷兰的博物馆里还陈列着日本制造的、极具荷兰风格的特制橱柜。

在江户时代，漆树不仅是漆的原料植物，还和同属的野漆（*Toxicodendron succedaneum*）一起作为蜡烛的原料发挥着重要作用。

葫芦

【原产地】热带非洲。

【学　名】*Lagenaria siceraria*：属名源于古希腊语，意为“烧瓶”。因其果实的形态而得名。

【日文名】ひょうたん（瓢箪）：“瓢”是葫芦的古中文名。“箪”是古代用来盛饭的一种圆形竹器。源于《论语》中“一箪食，一瓢饮”。之后这句话便经常用来指代葫芦。

【英文名】bottle gourd：意为“瓶葫芦”。 trumpet gourd，意为“喇叭状的葫芦”。“gourd”一词在拉丁语中是对南瓜、葫芦等能结出瓜类果实的植物的总称。

【中文名】葫芦。

葫芦
Lagenaria siceraria
马场大助一向擅长绘制严谨的博物画，有趣的是，描绘藤本植物时，他采用了日式的构图。➡⑩

一种原产于中非的植物，在远古时代就已传到亚洲和美洲。其果实坚硬，不能食用，但挖空内部并晒干后可用作容器。在非洲，人们不仅将它用作水壶，还常将其对半切开做成水瓢或乐器。在中东，葫芦自古以来就广为人知，连《圣经》中也有记载。

在民间传说中，中国人认为葫芦是神仙的药箱，所以它也是各路神仙的“标配”。例如在《西游记》中，有一对名为金角和银角的妖怪，他们就有一个神奇的紫金红葫芦。打开葫芦的塞子，喊一声对方的名字，对方只要答应了，就会被吸进葫芦里(这种设定多半是源于人们对葫芦的崇拜)。

禅宗里有一个结合了葫芦与鲇鱼的奇妙艺术形象——“瓢箪鲶”，“瓢箪鲶”也是大津绘（浮世绘的一支）的主题之一。在日本，葫芦还是一种镇压水神的咒具。另外，在民间传说中，人们认为葫芦是一种能生出宝物的神奇容器。新大陆的人们从远古时代起就开始利用葫芦，并将其视若珍宝。

造纸植物

【原产地】（黄麻属）印度或中国的热带地区，（簕竹属）印度至东南亚地区。

【学　名】*Corchorus*（黄麻属）：属名源于希腊语，意为"清洁眼睛"。因本属的某些植物对眼疾有效而得名。*Bambusa*（簕竹属）：属名源于其马来名或印度名。

【日文名】じゅーと（jyuuto）：其英文名的音译。南洋竹，意为"原产于南洋的竹子"，这里是竹属的总称。

【英文名】jute（黄麻）：源于孟加拉语，原意为"编发"。bamboo（簕竹）：与属名同语源。

【中文名】黄麻，意为"黄色的麻"；簕竹。

黄麻属一个未知种或簕竹属一个未知种
Corchorus sp. 或 *Bambusa* sp.
中国造纸植物，选自19世纪中叶出版的比利时园艺杂志。在那个时代，对很多国家来说，中国是一个神秘的国度。在这幅插图中，茎干笔直，末端有分枝，乍一看似乎是黄麻，但也可能是簕竹，因为自宋代以来，竹纸一直占主导地位。
➡㉑

最早以植物纤维制成的书写载体是莎草纸，由古埃及的莎草纸制成，但它是用压缩的干草编织成的，所以不能算纸。

从文献中我们得知，中国的蔡伦在公元105年发明了纸。但在此之前（公元前2世纪至前1世纪）的各地遗址都出土了类似纸的纤维制品，因此关于纸的起源还无法下定论。中国的纸在近代以前主要以麻类植物为原料，宋代以后主要以竹子（簕竹）为原料。蔡伦的发明具有划时代的意义，因为他证明了构树等树木的树皮可以用来造纸。

纸最早是在公元8世纪经由阿拉伯传入欧洲的，但直到14世纪末才传入佛兰德斯——中世纪后期欧洲文化最发达的地区之一。从这一时期至18世纪，欧洲的造纸原料主要是亚麻或木棉。木浆造纸术发明于18世纪初，但实际运用则是在19世纪中叶。

桑属

【原产地】北温带及亚热带地区，南美洲。

【学　名】*Morus*：属名源于其拉丁古名。最早起源于凯尔特语，与“黑色”有关。

【日文名】桑（kuwa）：关于其语源有两种说法，一说源于“食葉”（kuwa），一说源于“蚕葉”（kowa），均指该植物是蚕的饵食。

【英文名】mulberry：前半部分由拉丁名演变而来，再加上“berry”（浆果）。

【中文名】桑：象形文字，指枝叶繁茂的树。

桑
Morus alba
出自魏因曼的《药用植物图谱》，图中还描绘了蚕从卵发育为成虫的过程。在这个时代的阿尔卑斯北部，桑是一种非常珍贵的植物。➡①

一种实用树种，在中国作为蚕的饲料被栽培，是获取蚕丝的必需品。其果实可食用。

汉代以前，丝绸制品作为重要的贸易产品备受推崇，古罗马人甚至称中国为“Serica”（“丝绸之国”的意思）。中国历朝历代都积极出口丝绸产品，但蚕却从未被允许带出境，这对欧洲人来说，长度可达数百米的蚕丝纤维一直是个谜。

与此同时，古罗马人将一种桑树品种引入地中海，以供蚕食用。但他们引入的是一种原产于波斯的黑桑，并不适合养蚕。因此，它在西方主要作为果树被栽培。古罗马人知道蚕丝与桑树有关，但他们不知道蚕丝是从蚕茧中抽出的，误以为是直接从桑树的叶子中提取的。

在查士丁尼一世统治时期（518—527年），养蚕技术首次传入地中海，但在15世纪之前，罗马人一直以黑桑叶喂食蚕。可想而知，蚕丝产量并不高。直到16世纪，白桑被引入，养蚕业才发展起来。

棉属

【原产地】印度、西亚、秘鲁、墨西哥、非洲。

【学　名】*Gossypium*：属名源于老普林尼曾使用过的拉丁古名。关于其语源有两种说法：一说源于阿拉伯语，意为“柔软的物体”；一说源于拉丁语，意为“肿块”。

【日文名】綿　(harawata)：语源不详。不过，因其常被用作填充物，所以有说法称其与“腸”(harawata)语源相同。

【英文名】cotton tree：意为“棉花树”。“cotton”最早起源于阿拉伯语，后演变为西班牙语、法语，最后是英语。

【中文名】棉：绞丝旁的“绵”指的是丝绵，即由蚕丝制成的棉絮。

草棉
Gossypium herbaceum
开黄花的草棉。原产于非洲，广泛栽培于中东地区和印度。➡⑭

锦葵科棉属植物。其种子纤维可用于制作衣服。这种植物分布于世界各地，并在不同地区被独立栽培。在印度，人们从公元前2000年前后的摩亨佐-达罗考古遗址中出土了棉布——来自一种名为“树棉”(*Gossypium arboreum*)的东方棉品种。阿拉伯地区自古以来也种植一种被称为“草棉”的棉花。在古代的地中海，人们从古希腊学者希罗多德(Herodotus)的《历史》一书中得知，印度有一种树，能长出比羊毛更优质的绒毛。不过，古埃及并没有栽培棉花的记录，现在埃及棉的栽培历史始于13世纪。首次将棉花引入地中海的是亚历山大大帝的远征军。

另一方面，南美洲的秘鲁和巴西早在公元前2600年就已经开始种植秘鲁棉和巴西棉，比如公元前1500年的秘鲁木乃伊身上裹着棉布。在新大陆，墨西哥种植陆地棉的时间更早。18世纪初，这种陆地棉被引入美国的弗吉尼亚州，该地逐渐发展成为南部的棉花种植带。此外，秘鲁棉也传入了西印度群岛，并在那里更名为“海岛棉”。

亚麻

【原产地】高加索地区、中东。

【学　名】*Linum usitatissimum*：属名源于其古希腊名，其意与“细丝”有关。泰奥弗拉斯托斯曾使用过该名称。

【日文名】あま（亜麻）：源于其中文名。

【英文名】flax：源于日耳曼语，其意与“编织”有关。

【中文名】亚麻，“亚”是次的意思，因之前有汉地出产的大麻而得名。俗名胡麻、油麻。

亚麻

Linum usitatissimum

开美丽的蓝花。种子中含有亚麻籽油，可用作油画颜料的原料。➡⑥

亚麻科亚麻属一年生草本植物，是一种重要的纤维材料，曾以“linière”之名出现在马克思的《资本论》中。

正如林奈命名的种加词“*usitatissimum*”具有“最常用的”之意一样，自古以来，亚麻在西方世界与罂粟一样被广泛使用。在古埃及，人们用亚麻布料包裹木乃伊。古犹太祭司的长袍也是用亚麻布制成的。

中国人自古使用的棉花在文艺复兴时期之后被带到欧洲，从18世纪末开始，棉花通过印度和新大陆的种植园成为日常用品，取代了之前的亚麻制品。不过，在此之前，人们日常生活的方方面面都少不了亚麻。即使在今天，酒店的客房清洁服务仍被称为“Linen service”（布草服务），因为在过去，床单、被罩、毛巾、睡衣等几乎都是亚麻材质的。

肥皂草

【原产地】欧洲。

【学　名】*Saponaria officinalis*：属名源于拉丁语，意为“肥皂”。其叶子的汁液和根部能在水中产生类似肥皂的泡沫，因而得名。

【日文名】さぼんそう：其根部含有皂苷，可作为肥皂的替代品。

【英文名】soapwort：意为“肥皂草”；bouncing bet，意为“充满灵气的伊丽莎白”。

【中文名】肥皂草。

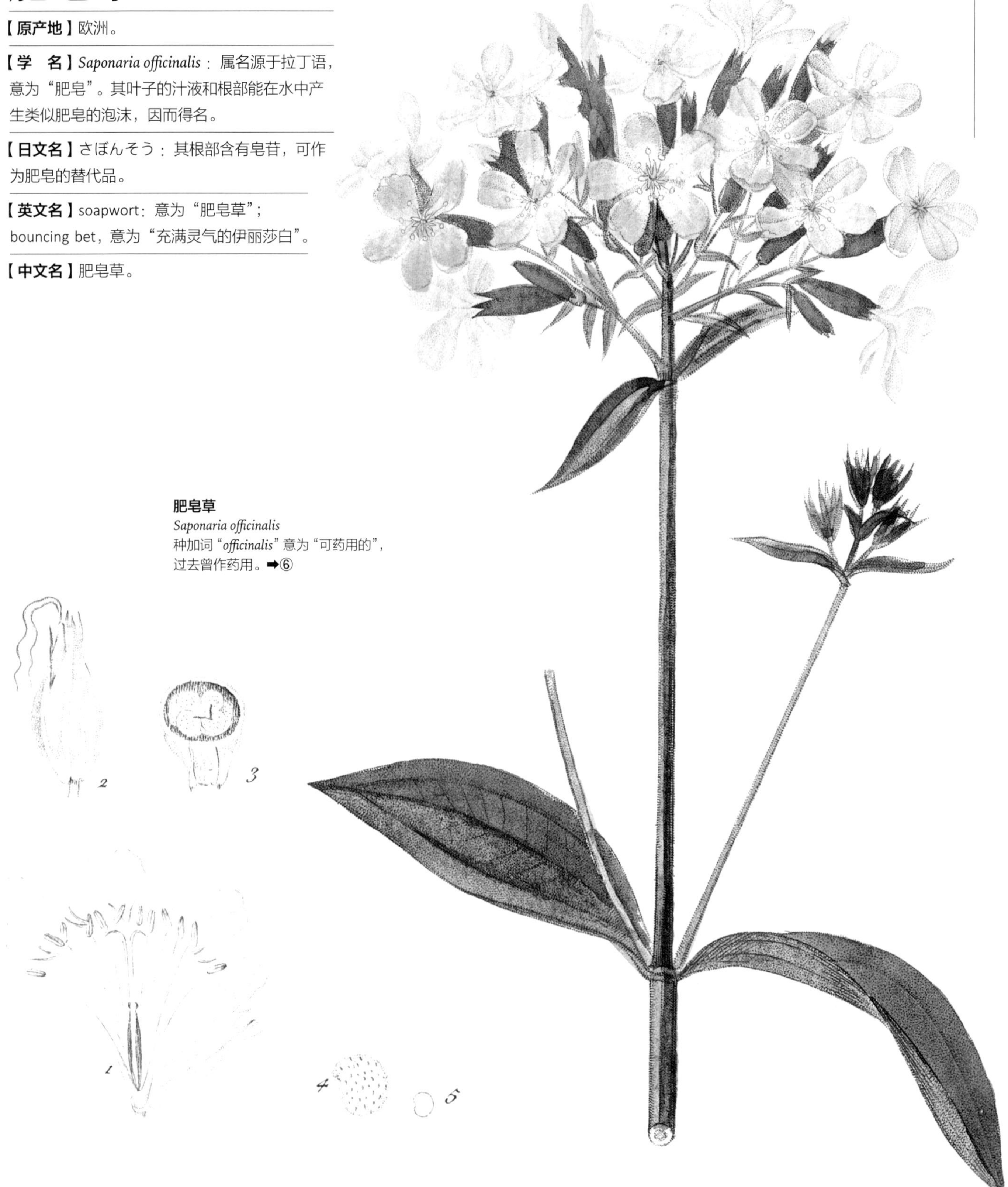

肥皂草
Saponaria officinalis
种加词“*officinalis*”意为“可药用的”，过去曾作药用。➡⑥

石竹科肥皂草属宿根多年生草本植物，耐寒。在原产地欧洲，肥皂草自古以来就被当作药用植物使用。

古罗马人很早就发现了这种植物，据说是他们将其引入了英国。不过，也有一种说法认为，它是在16世纪传入英国的。肥皂草有多个英文名，翻译过来的意思有“肥皂草”“肥皂根”“打扑草”和“洗衣店草”等。

肥皂草的根部可作为皂的替代品，其主要成分是皂苷。根据16世纪约翰·杰拉德的《杰拉尔德本草书》记载，这种植物可用于沐浴，具有清洁和美化肌肤的功效。在药用方面，它是一种煎剂，用于治疗黄疸和肝病，并且对于汞剂无法治疗的长期性病也有效。此外，由其制成的补药还被认为是治疗风湿病、支气管炎和咳嗽的良药。作为一种洗涤剂，它最常被用于清洗挂毯和窗帘。如今，仍有人用它来清洗古董挂毯和蕾丝制品。

黎巴嫩雪松

【原产地】西亚。

【学　名】*Cedrus libani*：属名“*Cedrus*”源于其希腊古名，最早起源于阿拉伯语，意为“力量”。古希腊诗人荷马曾使用过该名称。

【日文名】ればのんすぎ：意为“产自黎巴嫩的、与杉树相似的树木”。

【英文名】cedar of Lebanon：意为“黎巴嫩雪松”。“cedar”由属名演变而来。

【中文名】黎巴嫩雪松。

黎巴嫩雪松
Cedrus libani
树木的博物插图十分珍贵，这幅插图描绘了整棵树的样子。出自19世纪德国的一本儿童百科书。➡⑭

因生长在黎巴嫩山而闻名的巨型杉树。黎巴嫩山上曾经有大片的杉树林，但由于过度砍伐，现在只剩下几千棵了。喜马拉雅山的寺庙里栽培的喜马拉雅杉树也为同属。特别是保留至今的12棵古树更是被视为“圣树”。对犹太人来说，它们是所罗门十二门徒的朋友；对基督徒来说，它们是十二使徒；对伊斯兰教来说，它们是圣人的化身。

每年8月6日是耶稣显圣容庆日，来自亚美尼亚教会、东正教和耶稣基督后期圣徒教会的信徒都会冲着这些树的方向朝圣。根据《圣经·旧约》记载，所罗门的圣殿就是用这种树建造的。而在尊者比德（Bede Venerabilis）的记载中，它是处死耶稣的十字架所使用的四种木材之一。

这种树气味芳香，并且有防腐和驱虫的特性。因此，在中世纪的欧洲，人们用它来制作结婚用的化妆盒，重要文件也会放在这种材质的盒子里保存。英国有一句与它有关的谚语，即当一件事取得巨大成功时，人们会说“它值得放进黎巴嫩雪松做的盒子里”。

柏木

【原产地】欧洲、北美洲。

【学　名】*Cupressus funebris*：属名源于其古希腊名，由“生长”和“相等”这两词合并而成。因其叶子的排列和生长总是很均匀而得名。

【日文名】糸杉（在日语中，“糸”指“细线”）：因树的姿态与细线相似而得名。

【英文名】cypress：与属名同语源。

【中文名】柏木：本来是侧柏、日本花柏等常绿树木的总称。现在在中国指柏树，在日语里指槲树。

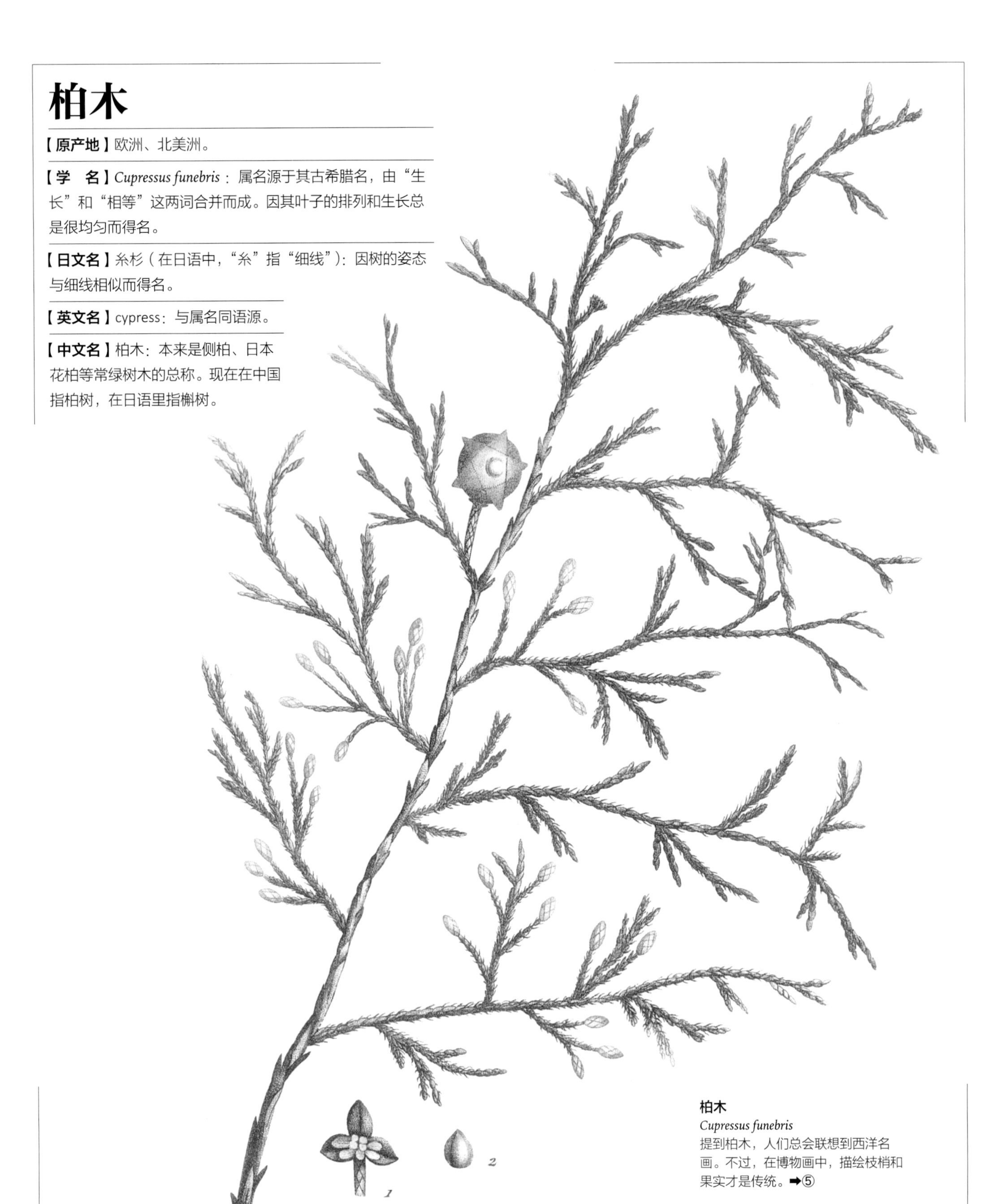

柏木

Cupressus funebris

提到柏木，人们总会联想到西洋名画。不过，在博物画中，描绘枝梢和果实才是传统。➡⑤

柏科柏木属针叶树种，主要作为园林树种被栽培。正如19世纪德国象征主义画家阿诺德·勃克林（Arnold Böcklin）的名画《死亡之岛》中所描绘的那样，柏树是“死亡”的象征。在意大利等地中海国家，人们习惯在墓地种这种树。

在古希腊，这种树常被用于阿多尼斯（春季植物之神）的祭典。由于常青的柏树从不落叶，所以人们用其来哀悼阿多尼斯之死，哀悼植物的枯死。据说，这样能表达对永生的渴望。在古罗马时代，柏树被视为“冥王普鲁托之树”。在犹太神话中，天使给亚当的儿子赛特一粒种子，让赛特在亚当死后放入其嘴巴里。之后，种子发芽、生根，长成一棵柏树。

在基督教中，十字架的中轴就是用这种树制作的。在葬礼上，人们常用柏树枝装饰棺材，参加葬礼的人每人拿一根柏树枝扔到墓坑中的棺木上。正如莎士比亚的《第十二夜》中曾提到，柏木也被用来制作棺材。

悬铃木属

【原产地】地中海沿岸、印度、东南亚、北美洲。

【学　名】*Platanus*：属名源于希腊语，意为“宽阔的，平坦的”。因其又大又平整的叶子而得名。

【日文名】ぷらたなす：英文名的音译。铃悬之木：其球形花朵在花轴上一排排垂下，就像山伏（日本修验道行者的统称）脖子上戴的饰品。

【英文名】plane tree：或为属名的意译。

【中文名】悬铃木。

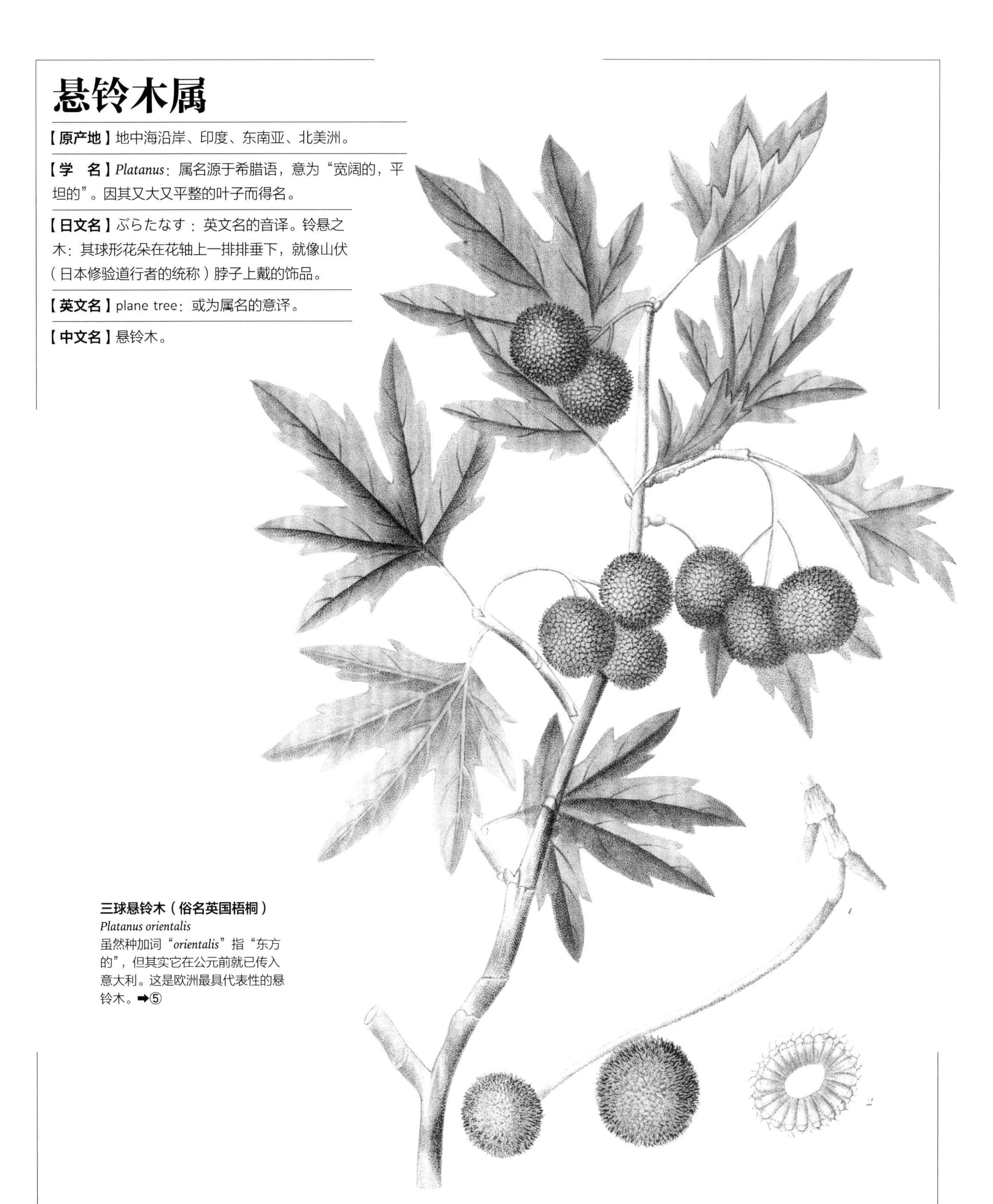

三球悬铃木（俗名英国梧桐）
Platanus orientalis
虽然种加词“*orientalis*”指“东方的”，但其实它在公元前就已传入意大利。这是欧洲最具代表性的悬铃木。➡⑤

悬铃木科悬铃木属落叶乔木。木材坚固，可用于制作家具和器皿等。由于它能抵御恶劣环境，也被广泛种植在城市街道两旁和花园中。

悬铃木原产于中东，公元前传入地中海地区。其属名源自希腊语，意为“宽阔的”，与哲学家柏拉图并无关系。不过，古雅典有一条长长的悬铃木林荫道，哲学家们常常在树荫下传道授业，因此悬铃木就成了天才的象征。与此类似，日本东京工业大学校区的某处地名被命名为“悬铃木台”也就不足为奇了。

人们普遍认为，这种树是由弗朗西斯·培根（Francis Bacon）带到英国的，有一点可以肯定的是，这种树传入英国的时间是在16世纪。它们与原产于美国的树种杂交后产生的新树种，由于非常耐日照和烟雾，被大量栽种在伦敦和英国其他大城市的街道两侧。巴黎的法国梧桐也很有名。

杨属

【原产地】北温带地区。

【学　名】*Populus*：属名源于其拉丁古名，为“民众树”的简称。因罗马的许多城镇种植该树而得名。

【日文名】ぽぷら：其英文名的音译。箱柳：因其木材被用于制作箱子而得名。山鸣：这种植物的叶子在风中摇曳，相互碰撞时会发出声音，因而得名。

【英文名】poplar：由其拉丁名演变而来。

【中文名】杨。

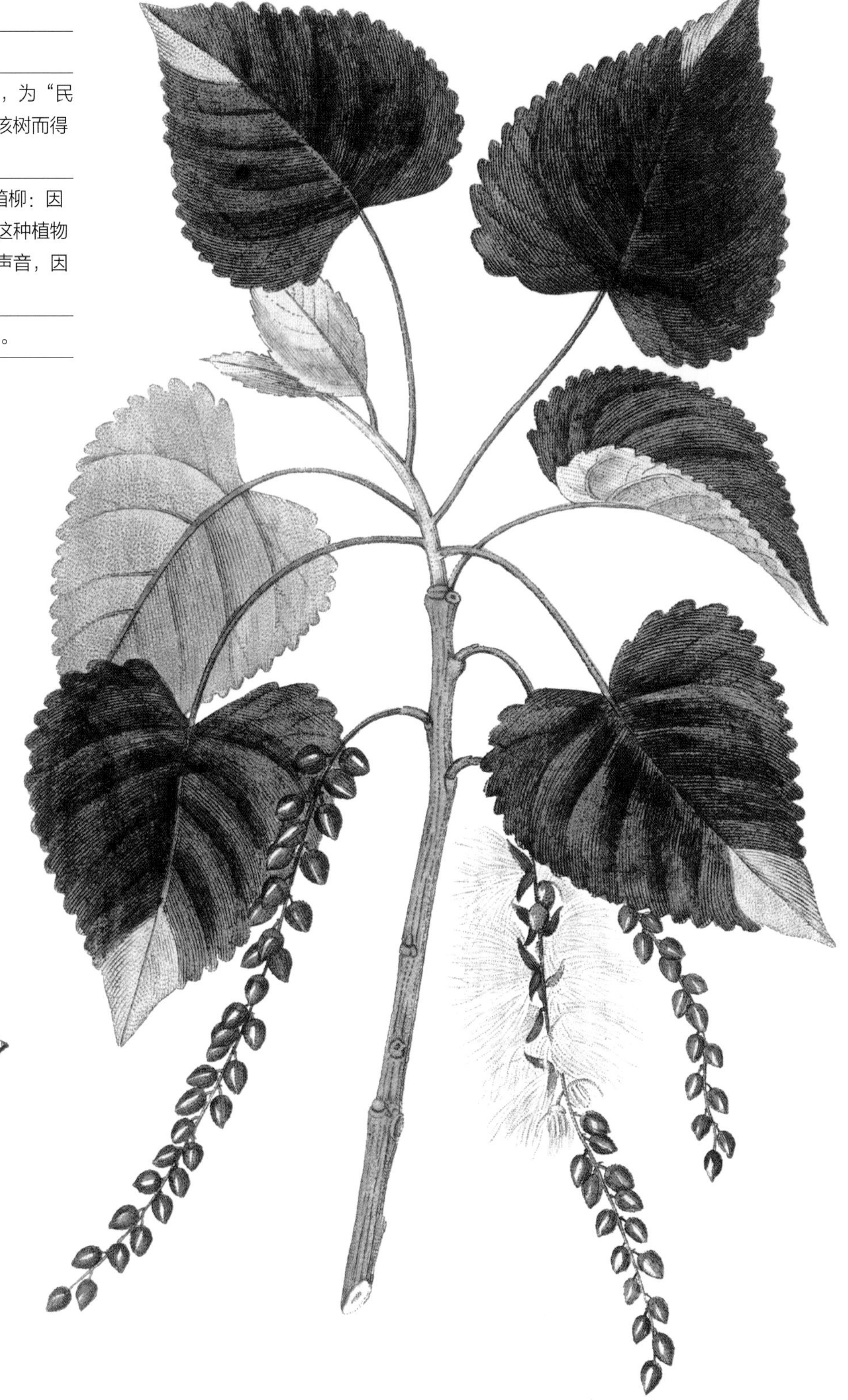

黑杨
Populus nigra
欧洲的代表杨树，树高可达30米。➡⑥

杨柳科杨属落叶乔木，种类繁多，北半球约有40种。在过去，它主要被用作火柴杆。

在希腊神话中，人们将银白杨（*Populus alba*，杨属植物的一种）称为“赫拉克勒斯之树”，象征着勇气。据说，这是因为赫拉克勒斯在打败怪物卡库斯时，用杨树枝做了一顶胜利之冠。他戴着这顶王冠下到冥界并安全返回，从此银白杨就被赋予了“死后约定的生命”之意。也有人说，银白杨叶子的表面之所以发黑，是因为它被“地狱之火”灼烧过。

欧洲黑杨在古罗马被视为“百姓之树”。美国独立战争期间，美国人将其种植在不同的地方，作为自由的象征。无独有偶，法国人在大革命期间也在全国各地栽种这种树。欧洲山杨（*Populus tremula*）在英国被称为“Aspen”，其叶子的背面呈白色，微风吹来时整棵树会随风颤抖，仿佛受到了惊吓一般，因此被认为是“恐惧”和“过敏”的象征。传说中，当耶稣穿越森林时，它是唯一没有向耶稣行礼的树，因此被罚不停地颤抖。有些人还认为杨树对发烧有疗效，这也源于发烧打战与杨树的颤抖相类比的缘故。

冷杉属

【原产地】北温带及亚寒带地区。

【学　名】*Abies*：属名源于其拉丁古名，其意与“向上”有关。因其惊人的树高而得名。

【日文名】もみ（樅）：语源不详。

【英文名】fir：起源于北方日耳曼语。

【中文名】冷杉。

日本冷杉
Abies firma
日本产的冷杉。木材为白色，常被用于制作卒塔婆和棺材等丧葬用品。
➡⑥

日光冷杉
Abies homolepis
种加词“*homolepis*”意为“拥有同种鳞片的”。产于日本，在欧美常作为花园树栽种。➡⑤

松科冷杉属常绿乔木，分布于欧洲中部和南部，德国西南部黑林山（又常称作黑森林）的欧洲冷杉非常出名。

其木材质地柔软，易于劈开，可用于建筑、家具和木制品等领域。此外，从树脂和叶子中蒸馏提炼出的精油还可用作洗浴用品的原料。

不过，冷杉最重要的用途之一是用作圣诞树。这一习俗现已传遍世界各地，但其起源并不久远。它起源于德国文化圈，最早的记载是16世纪不来梅工会的节日习俗。关于它最早的图像记录是老卢卡斯·克拉纳赫（Lucas Cranach the Elder）的铜版画。17世纪初，斯特拉斯堡出现了在圣诞节装饰圣诞树的习俗。17世纪中叶，装饰圣诞树成为宫廷里的一项习俗，于19世纪传入民间。后来汉诺威王朝将这一习俗引入英国，并在维多利亚时期得到普及。

冬青属

【原产地】中东地区、欧洲中部及南部、北非。

【学　名】*Ilex*：属名源于某种树木的拉丁古名，该树自古在南欧种植，是青冈的近缘。因二者叶片形态相似而得名。

【日文名】セイヨウヒイラギ（西洋柊）：和日本的柊树完全不同，甚至不是同科。但二者叶片形状相似，因而得名。

【英文名】holly：起源于日耳曼语，原意为“刺人的树”。

【中文名】冬青：在西方，这种树被视为圣树，或因其在冬天也保持深绿色。

欧洲枸骨
Ilex aquifolium
其叶片形状与日本柊树的叶片十分相似，但二者并不是同一种植物。➡⑤

冬青科冬青属植物，叶片酷似柊树的叶片，但二者在植物学上完全没有任何亲缘关系。冬青野生于欧洲，主要被用作园林树种。它是凯尔特人的圣树，凯尔特人严禁用火焚烧它。人们还习惯用它的树枝装饰房屋四周，以迎接森林中的精灵。据说，亚瑟王传说中的绿骑士就是这种树的象征。

在古罗马时代，人们在农神节这一天供奉冬青树，并杀死一头驴作为祭品。据说这一仪式已被基督教采纳，并演变成了用冬青树的绿叶和红色果实装饰圣诞节的习俗。人们认为，耶稣在十字架上流下的鲜血将冬青的浆果染成了红色。因为冬青在冬天也依旧常绿，所以它被视为“永生”的象征，并成为避邪物和吉祥物。

美国电影之都好莱坞的英文名“Hollywood”，就有“冬青林”的意思，但那里甚至连同属的美国冬青（*Ilex opaca*）都不生长，这一名称只是借用了该地所有者的朋友家的别墅名。

云杉属

【原产地】北温带及亚寒带地区。

【学　名】*Picea*：属名源于拉丁语，意为“沥青”。因这类植物为树脂质而得名。与松的拉丁名为同语源。

【日文名】とうひ（唐檜）：意为“异国的桧树”。

【英文名】spruce：原意为“普鲁士的冷杉”。普鲁士（现德国）为俄罗斯附近的国家。

【中文名】云杉：其意或为高耸入云的杉树。

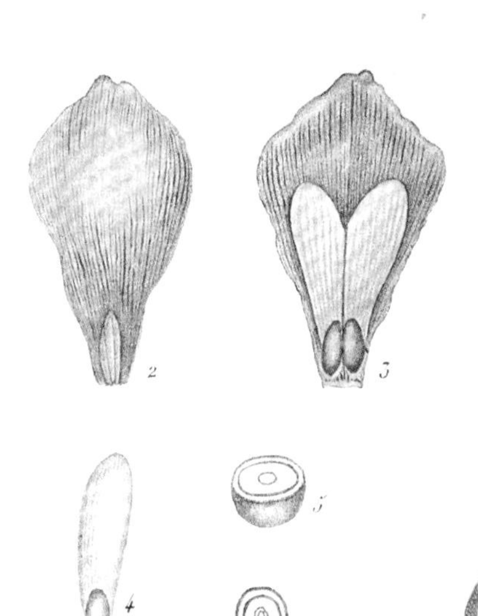

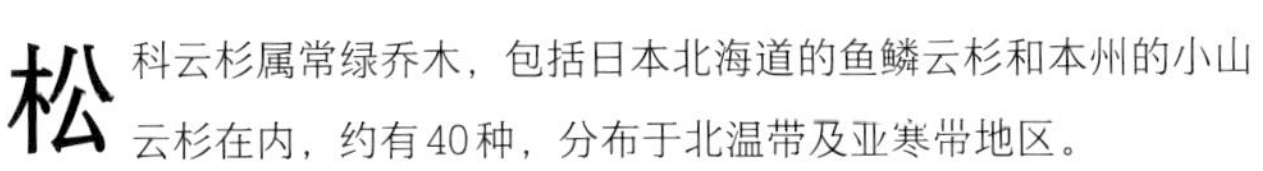

松科云杉属常绿乔木，包括日本北海道的鱼鳞云杉和本州的小山云杉在内，约有40种，分布于北温带及亚寒带地区。

其中，欧洲云杉是欧洲的代表树种之一，高度可达30 ~ 40米，分布广泛，南起比利牛斯山至巴尔干半岛，北起斯堪的纳维亚至西俄罗斯。其用途也很广，从火柴到纸浆，应有尽有。由于其下部枝条不会下垂和枯死，所以它还被广泛用作防风林和防雪林，比如北海道地区就将其作为铁路防雪林来种植。

从云杉的嫩枝和叶子中提取的精油可用于制作云杉啤酒。此外，它在过去还是人们航海时的常备药物，具有利尿和抗坏血病的功效。在瑞士，烤面包的石窑在烘烤后会产生大量灰烬，人们就会用欧洲云杉制作的扫帚清扫它们，并且每次烘烤后都要重新制作一把扫帚。

欧洲云杉

Picea abies

云杉和冷杉等树最有特点的是它们的果实，中间的大果实来自欧洲云杉，右下为美国的一种云杉。➡⑤

槭属

【原产地】北温带地区。

【学　名】*Acer*：属名源于其古拉丁名。关于其语源，一说意为“尖锐的”，因其木材坚硬可制作标枪而得名，一说意为“开裂的”，因其叶片有缺刻而得名。

【日文名】枫（kaede）：“蛙手”（kaerude）的简称，因其叶片酷似青蛙的爪子而得名。“枫”字指叶片随风飘动，沙沙作响。这个字原本并不是用来指槭属植物，而是指枫香科的枫香树。槭属植物的叶片与枫香树的相似，中国将它们视为近缘种，于是在日本使用“枫”字指代槭属植物。

【英文名】maple：起源于北欧语言，但语源不详。

【中文名】槭。

羽扇槭
Acer japonicum
最能代表日本的槭树品种，是日本槭大家庭中叶片最大的。日文名源于将其叶片比作天狗的羽毛扇。➡④

每当提到枫叶，人们总觉得它是日本独有的。其实，槭属植物不仅广泛分布于东亚，还分布于东南亚、印度、高加索、北美洲和北温带地区。不过，没有任何一个地区的槭树品种能像日本这样多。

欧亚槭（*Acer pseudoplatanus*），英文名为“sycamore”，分布于除北欧和英国以外的所有欧洲地区，是一种树高可达30米、直径可达2米的参天巨树，也是小提琴的重要木材来源。所有高档小提琴，包括斯特拉迪瓦里琴这样的顶级品牌，都以这种木材为原料。糖槭（Acer saccharum Marshall）分布于北美洲，是仅次于甘蔗和甜菜的第三大制糖原料植物，加拿大国旗上的图案就有它的叶子。

日本产的五角槭（*Acer pictum subsp.mono*）被用来制作滑雪板和网球拍。另外，许多品种也被当作园林树种，备受推崇，如梣叶槭（*Acer negundo*）和栓皮槭（*Acer campestre*）等。在日本，鸡爪槭（*Acer palmatum*）和三角槭（*Acer buergerianum*）一般被用作盆景。

椴属

【原产地】欧洲。

【学　名】*Tilia*：属名源于本种的拉丁名“tilia”，语源上与希腊语中意为“翅膀”的词有关。因其翅膀状的包叶紧贴着花梗而得名。

【日文名】ぼだいじゅ（菩提樹）：它与释迦在这种树下悟道的传说有关。不过，在印度被认为是菩提树的植物其实属于桑科，与椴属植物完全不同。

【英文名】linden：源于日耳曼语，意为“内皮柔软的树木”。

【中文名】椴。

欧洲椴
Tilia × europaea
右边拥有心形树叶的是欧洲椴，左图为栎树。它们是欧洲极具代表性的两种树木。
➡①

椴树科椴属落叶乔木。日本栽培的心叶椴（*Tilia cordata*，日文写作“菩提树”）是12世纪荣西从中国天台山移植过来的，与被印度人视为圣树的桑科菩提树不同。在德国被称为“Lindenbaum”的是宽叶椴（*Tilia platyphyllos*），或是阔叶椴与心叶椴的杂交种——欧洲椴。

菩提树在日本因奥地利作曲家弗朗茨·舒伯特（Franz Schubert）的代表作和山口和彦执导的著名电影《菩提树》而闻名。再看看它的英文名“linden”，许多地名［如柏林的菩提树大街（Unter den Linden）和德国城市莱比锡（Leipzig）］和人名［如林奈（Linne）和林德伯格（Lindbergh）］都源于此。过去，日耳曼人将这种树奉为圣树，并献给弗丽嘉女神（北欧神话中的天后），人们还在树下举行审判和婚礼。德国中世纪的名歌手（中世纪时期德国的一种世俗歌唱音乐形态，也用以指称参与者）更将其视为日耳曼民族的象征，许多民谣都提及了这种树。心叶椴的干花可以泡茶喝，据说有镇静和安抚情绪、助眠的功效。

松属

【原产地】北半球。

【学　名】*Pinus*：属名源于其古希腊名。古希腊哲学家泰奥弗拉斯托斯和古罗马诗人维吉尔曾使用过该名称。语源上，一般认为其与“沥青”之意有关，因为有大量树脂而得名。还有说法称，其源于凯尔特语，意为“山”。

【日文名】まつ（松）：语源不详。

【英文名】pine：由其拉丁名演变而来。

【中文名】松。

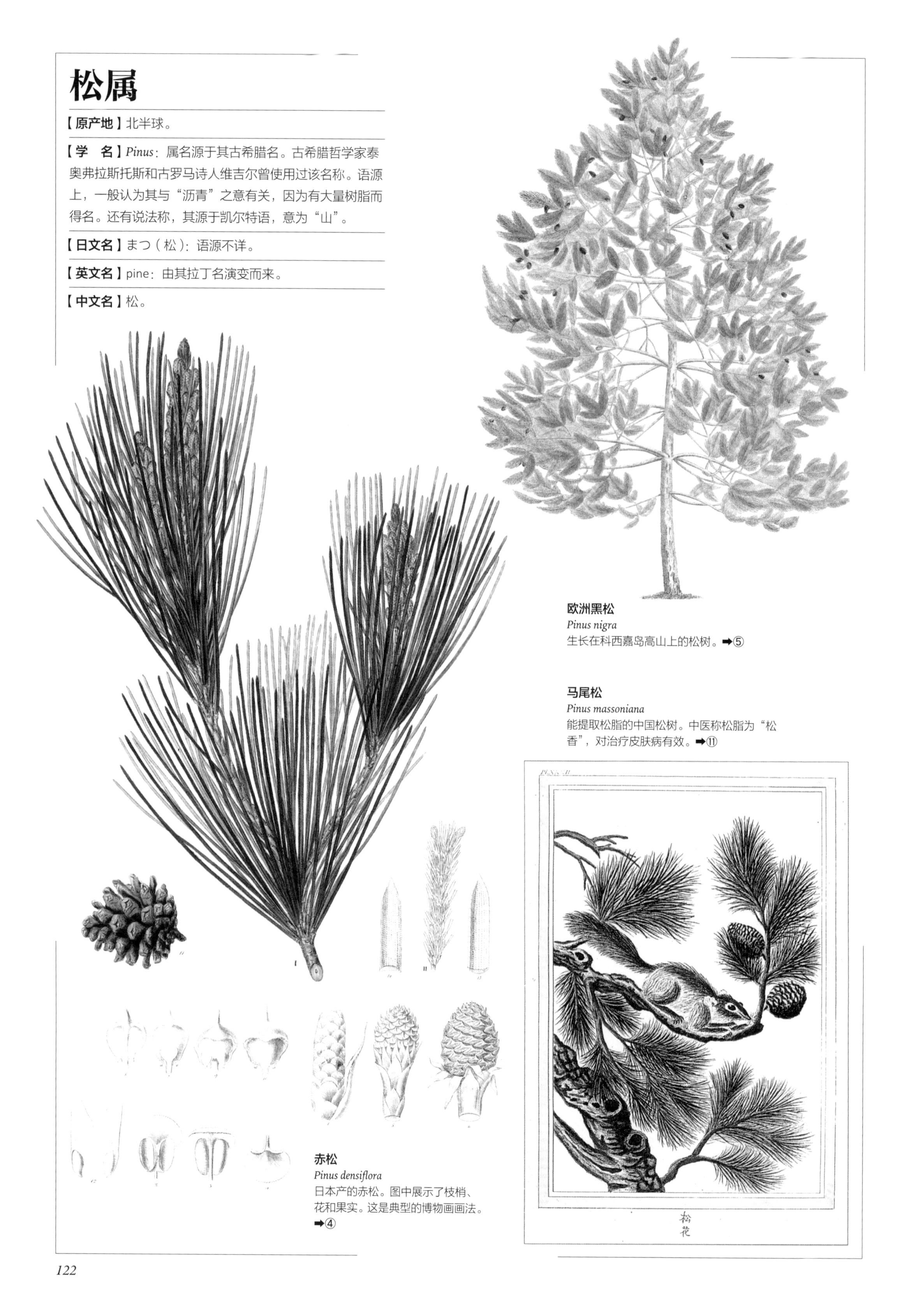

欧洲黑松
Pinus nigra
生长在科西嘉岛高山上的松树。➡⑤

马尾松
Pinus massoniana
能提取松脂的中国松树。中医称松脂为“松香”，对治疗皮肤病有效。➡⑪

赤松
Pinus densiflora
日本产的赤松。图中展示了枝梢、花和果实。这是典型的博物画画法。➡④

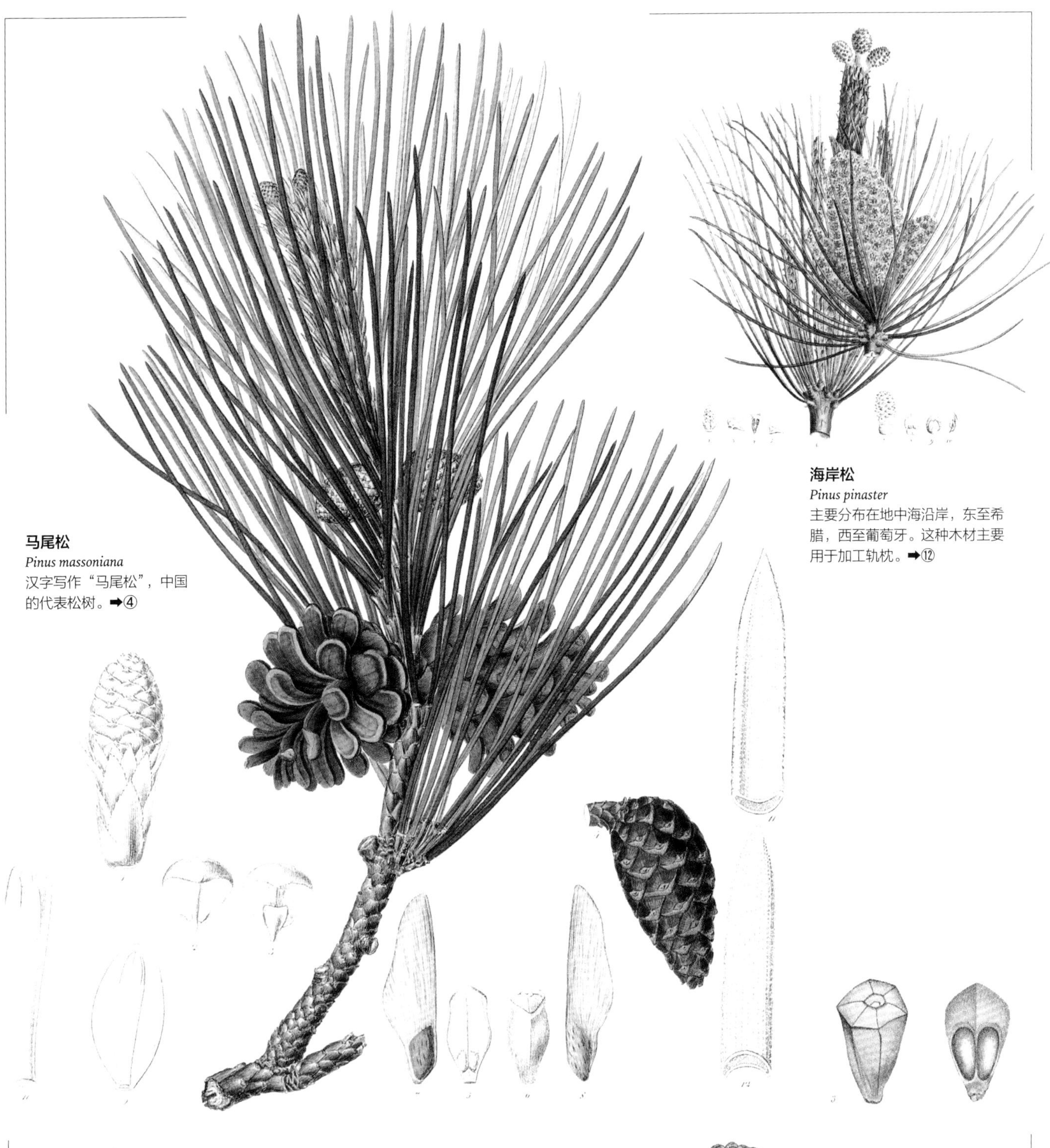

海岸松
Pinus pinaster
主要分布在地中海沿岸，东至希腊，西至葡萄牙。这种木材主要用于加工轨枕。➡⑫

马尾松
Pinus massoniana
汉字写作“马尾松”，中国的代表松树。➡④

松科松属常绿针叶树，广泛用作木材和园林树种。在中国、日本和欧洲，松树都是“长寿”的象征，但人们对松树的印象却有很大的差异。

在日本，无论是海岸边的松林、街道两旁的孤松，抑或庭院中的松树，人们歌颂的都是它虽历经长时间的风霜雨打，却常青的坚韧品质。

松木的树脂含量很高，因此具有很强的防水性，常用于桥梁和木桩等土木工程。松针经提炼后可提取松节油，用于制造清漆和其他材料。其残留物被称为松香，可涂在小提琴的琴弓上或制造肥皂。含有杂质的松节油被称为焦油，用于涂抹啤酒桶的内壁。松节油与水的混合物可作为慢性止咳药给马饮用。

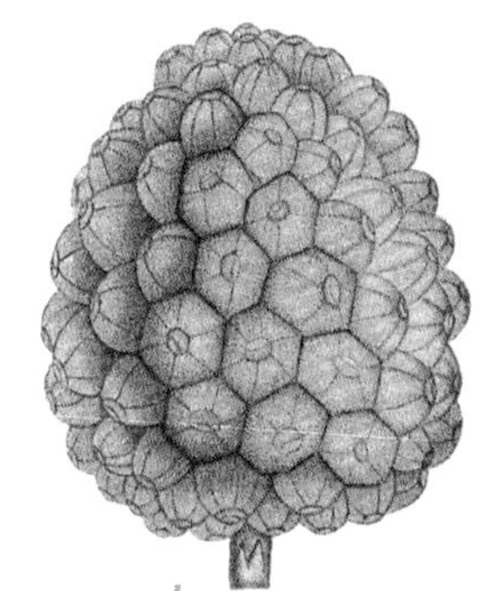

意大利石松
Pinus pinea
分布在地中海沿岸。其果实可食用。种加词“*pinea*”为拉丁语，意为“松果”。➡⑤

银杏

【原产地】 中国。

【学　名】 *Ginkgo biloba*：属名“*Ginkgo*”源于对日文名“银杏”的误读，本该读作“ichou”，却误读成了“ginkyou”，又因誊抄错误，最终变为“*Ginkgo*”。

【日文名】 いちょう（银杏）：源于中文名“鸭脚子”。“鸭脚子”这一叫法源自其分叉的叶片，看上去如鸭掌一般，因而得名。

【英文名】 ginkgo：由其属名演变而来。

【中文名】 银杏：其种子的颜色与银子相似。

银杏
Ginkgo biloba
银杏在欧洲是十分珍贵的植物。英国博物学家爱德华·多诺万（Edward Donovan）描绘的这幅银杏中还有绝美蝴蝶作衬托。➡⑦

银杏
Ginkgo biloba
西博尔德描绘的银杏图。叶片和果实的细节一目了然。➡④

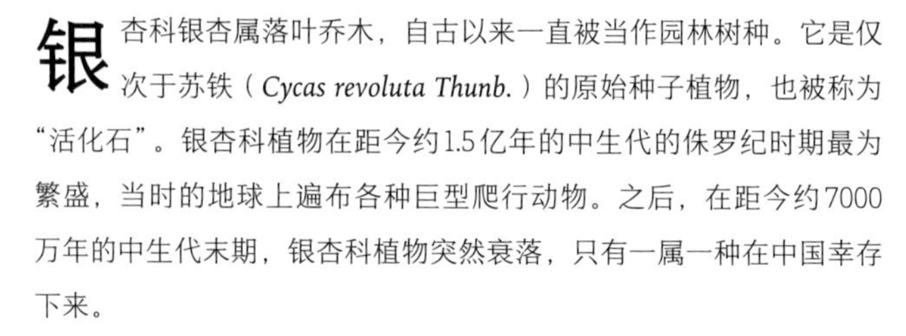

银杏科银杏属落叶乔木，自古以来一直被当作园林树种。它是仅次于苏铁（*Cycas revoluta Thunb.*）的原始种子植物，也被称为“活化石”。银杏科植物在距今约1.5亿年的中生代的侏罗纪时期最为繁盛，当时的地球上遍布各种巨型爬行动物。之后，在距今约7000万年的中生代末期，银杏科植物突然衰落，只有一属一种在中国幸存下来。

日本银杏是在13世纪末的镰仓时代从中国引进的。中国的银杏原产于南方。尽管银杏是种子植物，但它也会像蕨类植物一样产生孢子，这是日本植物学家平濑作五郎于明治二十九年（1896年）在小石川植物园发现的。在极少数情况下，叶子可能会长出类似花的结构，这就是所谓的“有叶银杏”。银杏的叶片是营养器官，花是生殖器官，二者之间的区别并不明显，这也证明了银杏是一种原始的种子植物。

鹅掌楸属

【**原产地**】北美洲、中国。

【**学　名**】*Liriodendron*：属名源于希腊语，由“百合”和“树木”这两词拼合而成。因其花朵形状与百合花相似而得名。

【**日文名**】ゆりのき（百合の木）：属名的意译。

【**英文名**】tulip tree：意为“郁金香树”。因其花朵与郁金香相似而得名。

【**中文名**】鹅掌楸：“楸”指梓树。或因其叶片形状与鹅掌相似而得名。

北美鹅掌楸
Liriodendron tulipifera
叶尖凹陷，花外轮为绿色，是一种珍奇的植物。➡⑮

木兰科鹅掌楸属落叶乔木。这种树中最大的植株可达60米高，直径可达3米。鹅掌楸属是一个小属，仅在北美洲和中国各有一个种。

北美鹅掌楸于1663年被引入欧洲，而中国的鹅掌楸是英国植物采集家沙埃拉（Shaela）于1873年意外发现的，随即在学界引起了轰动。因为这种不寻常的植物保留了从裸子植物向被子植物过渡的原始形态。它的叶子形状奇特，叶尖处呈裂开状，形似日式半缠（一种不带翻领的日本短褂），因此也被称为“半缠木”。它在晚春时节开花，颜色为不常见的黄绿色，花朵形状酷似郁金香。

其木材的颜色和品质与杨树相似，易于加工，主要用于制作胶合板和家具。因此，鹅掌楸木材也常被称作“黄杨”。

栎属

【原产地】 欧洲中部、地中海沿岸、西亚。

【学　名】 *Quercus*：属名源于拉丁古名，古罗马哲学家西塞罗（Cicero）曾使用过该名称。最早起源于凯尔特语，意为“美丽的树”。

【日文名】 オーク：其英文名的音译。

【英文名】 oak：起源于日耳曼语。

【中文名】 栎：“栎”原指麻栎。

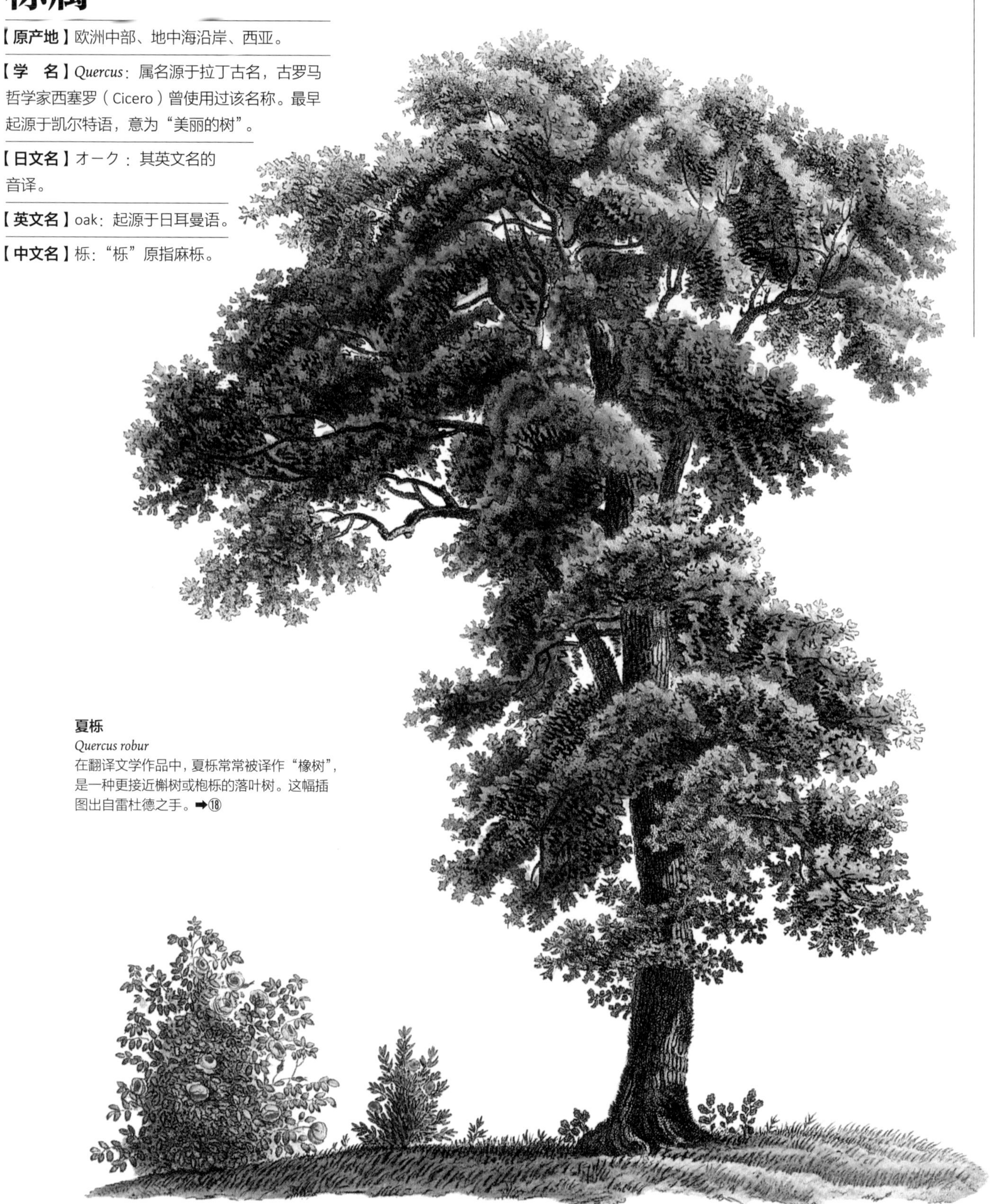

夏栎
Quercus robur
在翻译文学作品中，夏栎常常被译作“橡树”，是一种更接近槲树或枹栎的落叶树。这幅插图出自雷杜德之手。➡⑱

一种典型的欧洲树种，与日本的青刚栎和楢树同属。在古希腊，栎树被认为是最早被创造出来的树。在日耳曼神话中，它被认为是仙女的家园。在《圣经 · 旧约》中，它也被视为圣树。英国的原住民（德鲁伊甸人）也将其作为信仰的对象。因为它经常遭受雷击，所以人们认为神明依附在它身上。树上结的橡子在秋冬季节被用来喂猪，这也间接地为中世纪的农民提供了重要的冬季食物来源。

在英国，栎树是斯图尔特王室的御用树种，并由此产生了“皇家栎树”的传说——国王查理二世在清教徒革命期间因躲在栎树的树洞中而得救。另外，有人说大英帝国之所以能称霸世界七大洋，主要归功于用优质栎木建造的航船。栎木非常坚固耐用，是理想的造船木材。温彻斯特的亚瑟王圆桌和威斯敏斯特大教堂的忏悔者爱德华（Edward the Confessor）的棺材也是由栎木制作而成的。

刚竹属

【原产地】中国。

【学　名】*Phyllostachys*：属名为毛竹或刚竹等刚竹属的属名，源于希腊语，由“叶”和“穗”这两个词拼合而成。因其花穗被包裹在带叶片的花苞内而得名。Bambusa：属名为孝顺竹或刺竹等孝顺竹属的属名，由其马来名“bamboo”或印度名“bambos”演变而来。

【日文名】たけ（竹）：据《大言海》所说：“‘竹’为‘长生’之意。”

【英文名】bamboo：与孝顺竹属的属名语源相同。

【中文名】刚竹：象形文字，指丛生的竹叶。

Bambusa sp.（可能）
这幅画风有些阴森的竹子画由魏因曼绘制，它展现了欧洲人对东方竹子的怪异印象。学名为“*Bambusa*”。
➡①

竹亚科植物的总称，包括单子叶禾本科的刚竹属、矢竹属、川竹属，但不包括赤竹属。

“松竹梅”这3种植物在日本被用于庆典场合是室町时代（1336—1573年）以后的事。东南亚和中国也有类似“辉夜姬公主”的故事，日本的文学作品《竹取物语》可能就是受到这些国家的文化影响而创作的，因为在此之前，竹子还是一种稀有植物，只有少数贵族才能接触到。

而在印度，竹子自古以来就被视为最神圣的植物。特别是在婚礼和葬礼上，青竹是必不可少的。印度和尼泊尔的许多竹子植株高大，根部会生出许多茎秆，是子孙繁荣的象征。

对欧洲人来说，竹子最能代表东方的异国情调，它结合了东方的各种民间传说。

天地庭园巡游

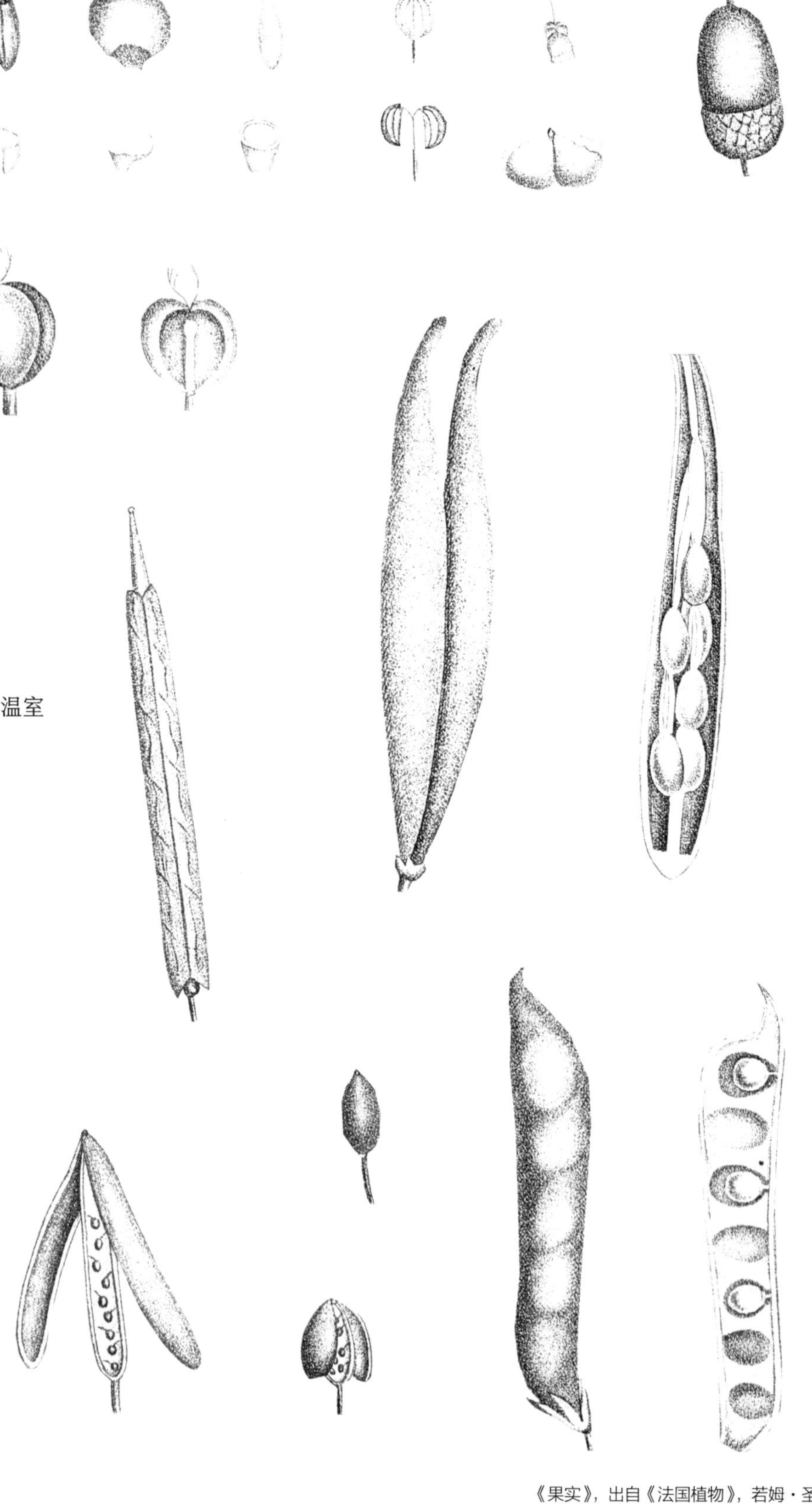

《果实》，出自《法国植物》，若姆 · 圣伊莱尔著，1805—1809年，巴黎。第一卷开头部分的插图之一，该部分介绍了植物学的基础知识。这幅图展示了各种植物的果实形态。

《人工岩石》，出自19世纪末比利时发行的《园艺图谱》杂志。温室内高低起伏，五脏俱全，营造出一种如诗如画的古雅氛围。19世纪末，人们对温室的喜爱达到了顶峰，贵族和资产阶级都拥入温室，观赏异国植物。

宇宙树花园

扎根于冥界，枝梢直达天堂的宇宙花园。

斯堪的纳维亚半岛的古老居民在他们的英雄史诗《埃达》(*Poetic Edda*)中提到，宇宙是由一棵树支撑起来的。巨大的宇宙树——伊格德拉西尔(Yggdrasil)——扎根于地底深处的冥界，其树干遍布大地，枝梢直达天堂。“生命之源”耶梦加得(北欧神话中的巨蛇)在树根中筑巢，为大地提供生命之灵。中间的大地被群山和大洋所环绕，乌洛波洛斯(Ouroboros)出没其间，这象征着永恒时间下的命运。人与自然共处的世界被盛放在伊格德拉西尔的盘子上，犹如盆景一般。阳光化为虹色之光，从上空照亮整个世界，同时滋养着来自其根部的所有生命。

古人似乎将宇宙树等同于北欧的“长寿圣树”——白蜡树。这棵宇宙树向世人揭示了这个世界本身就是一座宇宙花园。

古埃及的花园

蓝色睡莲纵情绽放，一座种满棕榈树与香蕉树的文明花园。

发源于尼罗河流域的古埃及文明的花园是什么样的呢？法老们不仅将尼罗河中丰富的鱼类转移到池塘中饲

北欧神话中的宇宙树——伊格德拉西尔。以这棵树为中心，大地向四面八方延伸。“生命之源”耶梦加得在树根中筑巢，乌洛波洛斯出没其间。

养，还种植纸莎草，建造花园，再现了尼罗河三角洲的风貌。对他们来说，池塘既是水源，又是享乐之源，例如当时的居民已经懂得了钓鱼的乐趣。古埃及的花园里就有一个钓鱼池。

花园中的另一个景致是埃及的圣花——莲花。关于这种莲花的身份众说纷纭，但一般认为它是埃及的蓝色睡莲。这种花还被摆放在宴会餐桌上或制作成花环，以衬托古代那些拥有棕色肌肤的贵妇人的美丽。

大堤上栽种了埃及人崇拜的桑树和棕榈树。另外，人们还认为世界上最古老的香蕉树就栽种在这里。古埃及花园并不是我们在后来的欧洲所看到的那种平面景致，而是富有立体感的结构。

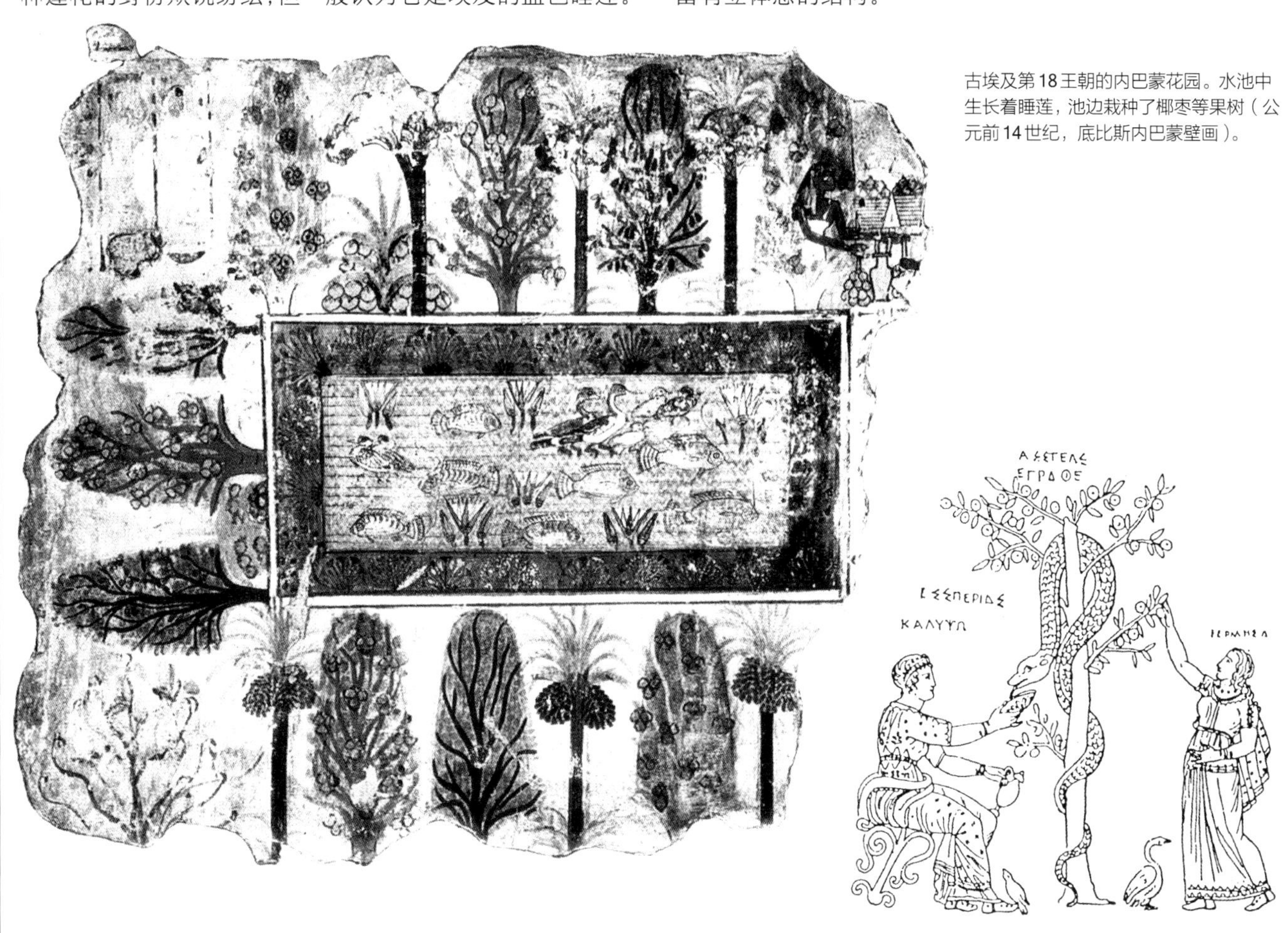

古埃及第18王朝的内巴蒙花园。水池中生长着睡莲，池边栽种了椰枣等果树（公元前14世纪，底比斯内巴蒙壁画）。

这幅古希腊瓶画描绘的是赫斯珀里得斯姐妹看守金苹果树的场景。现在有人认为，地母盖亚送的金苹果其实是甜橙。

赫斯珀里得斯的花园

姐妹三人守护着金苹果之树……

奥林匹斯十二神中的至高之神宙斯与赫拉结婚时，地母盖亚送上一棵金苹果树作为贺礼。赫拉将这棵金苹果树种在了赫斯珀里得斯三姐妹的大花园里（除了苹果，果园里还种植了其他果树），并委托她们帮忙照料。

赫斯珀里得斯三姐妹是“黄昏女神”，古希腊诗人赫西俄德（Hesiod）认为她们是夜神倪克斯之女。后来，赫斯珀里得斯姐妹的数量从3人增至4人，再到7人，她们身边还有一条名叫拉冬的百头巨龙，是看守果园的有力卫兵。

赫斯珀里得斯的花园一直延伸到西方的尽头。在大力神赫拉克勒斯的十二功绩中，第十一项就是“摘取赫斯珀里得斯果园里的金苹果”。赫拉克勒斯在寻找一座未知花园的途中，杀死百头巨龙，战胜了赫斯珀里得斯姐妹，并拿走了金苹果。另一种说法称，当阿特拉斯被罚用双肩支撑苍天时，赫拉克勒斯以帮助阿特拉斯扛天为由，让他去摘取赫斯珀里得斯果园里的金苹果。而当阿特拉斯带回金苹果时，赫拉克勒斯哄骗阿特拉斯说自己累了，让他替自己扛一会儿。趁善良的阿特拉斯把金苹果放在脚边接替他的间隙，赫拉克勒斯抢走了地上的金苹果。

就这样，赫拉克勒斯成功地把金苹果交给了提出这个无理要求的欧律斯透斯国王。之后，金苹果再次经雅典娜女神之手回到了原来的果园。

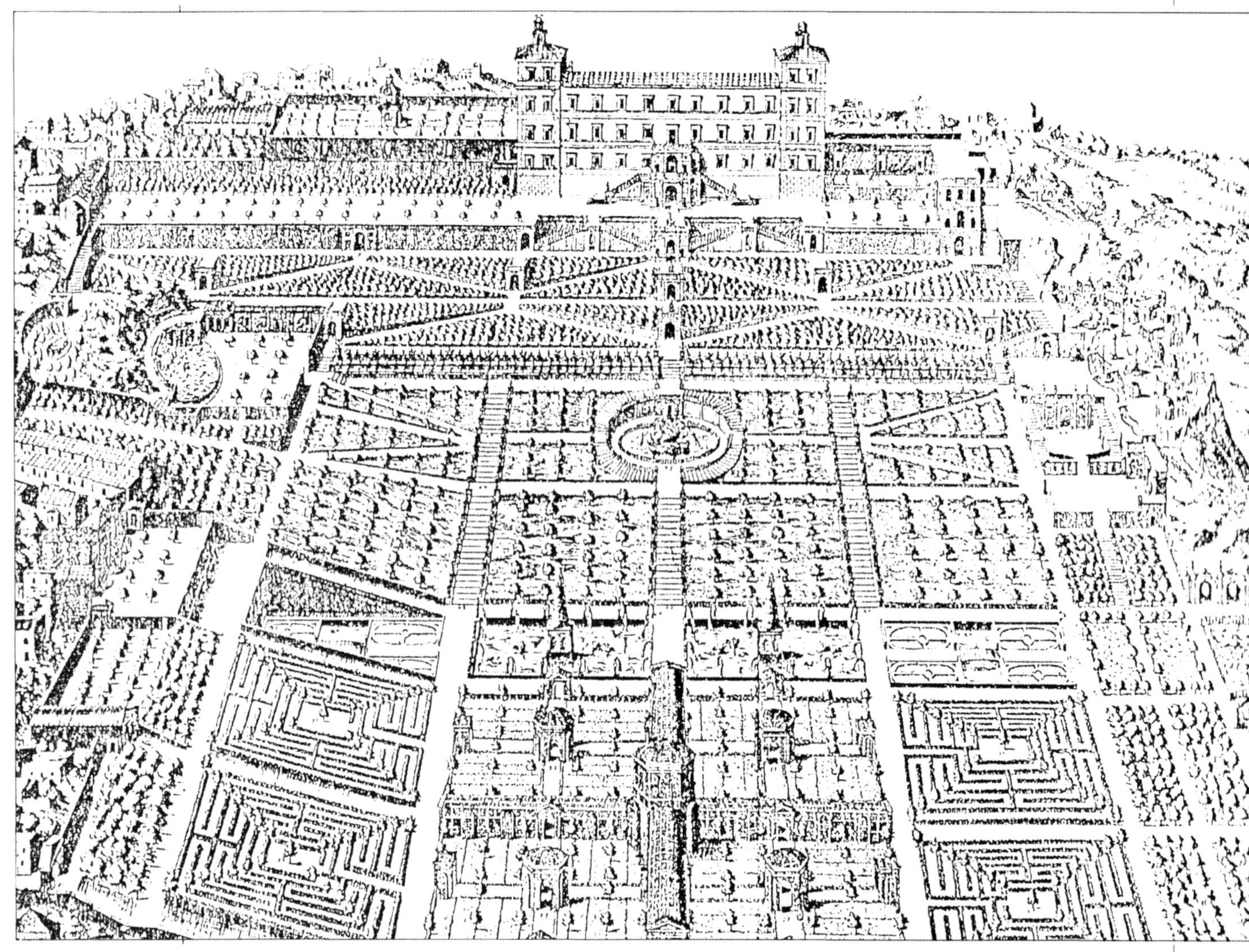

位于蒂沃利的埃斯特庄园刚建造时的样子，前景中的迷宫和草药园早已不复存在[埃蒂安·杜佩拉（Etienne Duperac）绘制，1571年]。

埃斯特庄园（又名“千泉宫”）

卢克雷齐娅·波吉亚之子埃斯特的庄园，园中引入了水利装置。

这座庄园位于意大利蒂沃利，被认为是“水之花园”的典型代表，距离罗马约 80 千米，是 1550 年后为天主教枢机依玻里多二世·德·埃斯特（Ippolito II d'Este）建造的。

埃斯特是以美貌著称的意大利贵族卢克雷齐娅·波吉亚（Lucrezia Borgia）的儿子。该庄园由皮罗·利戈里奥（Pirro Ligorio）设计，他曾发掘和研究过罗马帝国皇帝哈德良的别墅遗址。另外，位于庄园一角的附属别墅也是他亲自设计的。

这座庄园还有一个更大的特色，就是它采用了以水力学为原理的水利装置。园内有大型喷泉、瀑布和水帘等，均由水利工程师奥拉齐奥·奥利维埃里（Orazio Olivieri）设计。花园里还修建了一个由树篱构成的迷宫。据说那是一个让人惊叹不已的奇妙空间。这座庄园被认为是文艺复兴时期意大利最具代表性的建筑之一，其特点是园中的植物和水利景观完全依靠人力来维护。例如，花园里的水不是像自然溪流那样流淌，而是靠人力使其向上喷发和流动。这种设计理念最终促使了风格主义美学和巴洛克式人工花园的诞生。

上图为埃斯特庄园里的“水风琴”，水力将空气压缩并吹响风琴。下图中央是维纳斯喷泉，当你走近想好好欣赏美神喷泉时，会触发“水之惊喜”——地面突然喷出水来，让人吓一跳。

在森林中冥想的格莱福的圣伯尔纳铎（Bernard of Clairvaux）。基督教版的“伊壁鸠鲁的花园”。在东方文化中，隐士们生活在沙漠之中，而在欧洲文化中，场所变成了森林。

伊壁鸠鲁的花园

一座理想的哲学场所，存在于阿纳托尔·法朗士的随想中。

《伊壁鸠鲁的花园》是法国作家阿纳托尔·法朗士（Anatole France）的一部随想集（1894 年）的标题，书中讲述了古希腊哲学家伊壁鸠鲁的思想。根据法朗士的描述，伊壁鸠鲁的花园象征着在一个充满邪恶的世界，人们在消除情感困扰后获得的心灵上的宁静之乐。在现实中，伊壁鸠鲁的确买了一座美丽的花园，他亲自耕种，并在花园里建了一所学校，以传播他的“享乐主义”思想。在那里，他与弟子们过着宁静闲适的生活。他们一边享受着花园里的美景，一边探讨哲学。据说，伊壁鸠鲁奉行“节俭至上”，生活极为俭朴。

哦，古老花园的芬芳气息，神一般的使者，
库克洛普斯的微风，你邀请了过去的拉丁诗人，
我们对你轻柔的爱抚知之甚少！

就是这座花园啊，在平静的微笑中，我们的眼睛看到了将死之人的过错，看到了同样热切的“野心”与“爱情”，又或是那本该在远处祭坛上燃烧的香火［选自荷兰植物学家弗雷德里克·勒伊斯（Frederik Ruysch）的《黏土之灯》］。

阿纳托尔·法朗士将《伊壁鸠鲁的花园》作为寄托这些理想的哲学场所。当然，它指的是古希腊时代盛行的“公园”，即进行辩论的绿荫之地。而他在花园里却发现了这样一个冰冷的事实：

“我想，我们正处于梦境的边缘，我们眼中的宇宙不过是一场名为‘人生’的噩梦。一切都是欺骗，大自然残酷地玩弄着我们的无知和愚蠢。”

墙中花园

一座开满鲜花的世外花园。

H. G. 威尔斯（H. G. Wells）在其早期的短篇小说《墙中门》（*The Door in the Wall*，1926 年）中描述了一个神秘的理想花园。故事的主人公从小就对西肯辛顿街上一堵白墙上的一扇绿色大门着迷。有一天，当他走进去时，发现了一个开满鲜花、犹如世外桃源般的美丽花园。然而，这座梦幻花园只在极少数的情况下才会向世人展示它的真实面目，因此很多时候那扇通往理想国度的大门是看不到的。主人公若想在现实中与它重逢，就必须付出死亡的代价。

这个故事是一个关于神秘花园的幻想，它将欧洲中世纪的“封闭花园”（修道院和贵族王公宅邸中的乐园）与 18 世纪以来流行的“温室”结合在了一起。二者的独特之处在于它们都是“封闭”空间，这与后现代的“私密性”这一概念有异曲同工之处。而这种将秘密花园与异世界画等号的想法也是童话故事和科幻小说的主要关注点。

关于欧洲中世纪“封闭花园”的寓言画，不禁让人联想到威尔斯的《墙中门》。大自然本身就是这座花园的钥匙。花园中的“美丽女神”“智慧女神”和“美德女神”暗示着人生的三条道路。

博马尔佐花园

由土耳其战俘创作的一座充满怪物雕像的诡异花园。

这座诡异的花园里有许多石雕和充满异国情调的怪物雕像，位于意大利米兰附近的博马尔佐，是奥尔西尼（Orsini）家族别墅的一部分，被认为是“世界上最奇异的花园”。下令建造它的是皮尔·弗朗切斯科·奥尔西尼（Pier Francesco Orsini），当时他设想在露天花园里建一条诡异怪诞的雕塑长廊，包括扯下敌人四肢的巨人、互相撕咬的狮子，以及踩踏剑士的大象和巨龟。这座花园于1572年竣工，据说当时奥尔西尼可以一边欣赏雕塑，一边用餐。

但丁也参观过这座花园，并评价它会“让人的大脑变得一片空白”。事实上，当时的人们似乎认为这座花园代表着地狱的入口。这些奇异的雕塑是由1571年勒班托海战中被俘的土耳其战俘制作的。如今，这座被遗弃已久的花园已成为意大利的一个著名景点。

博马尔佐花园里的一组怪物雕像。这座花园位于意大利米兰郊外，是奥尔西尼家族的别墅花园。上图是互相撕咬的狮子，下图是踩踏剑士的大象。

曲径花园

田园中的景致花园，让人们享受散步的乐趣。

英国园林设计师巴蒂 · 兰利（Batty Langley）设计的“曲径花园”（1728 年）是改善田园景观的一次尝试。18 世纪，充分运用曲线且带有巴洛克风格的精致花园非常流行。田园中有广阔的田野和荒原，与之相对应，作为人工象征的开放式庭园也以精心设计的“人造自然”为傲。

此外，这些种满各类植物的花园因其实用性而大受欢迎，尤其是郊外的花园，其中栖息着鸟类和其他动物。这些鸟类和其他动物把花园当成了森林的替代品。若隐若现的树木既能保护人们的隐私，又有动物相伴，这无疑增加了花园的乐趣（可以散步）。这种拥有曲径的精致花园成为后来如来伦敦九曲湖（又名“蛇形湖”）等散步花园的先驱。

巴蒂·兰利设计的“曲径花园”。
在茂密的树木中，蜿蜒的步道穿插其间，是绝佳的散步道。

花园村

在 17 世纪文人的构想下，整个村庄变成了一座巨大的实用花园。

弗朗西斯·培根（Francis Bacon）强调科学的实用性，主张有效利用自然是新世界最重要的事业。进入 17 世纪之后，在这一主张下，英国开始广泛关注花园的实用性。换句话说，人们开始修建乐园、花园和果园，并掀起了一场改良开发荒地的运动。在培根改善自然这一思想的影响下，约翰·伊夫林（John Evelyn）和约翰·雷（John Ray）等文人和博物学家也构想了一个乌托邦，在那里，整个村庄将变成一座巨大的实用花园。

这些花园有力地打破了中世纪“封闭花园”的概念，并一举向周边未开发的土地推进。17 世纪末，英国诞生了一系列令人印象深刻的“花园村”。这些花园村规模惊人，尽管许多这样的花园是将领主家的花园扩展到郊区，但不可否认的是，这一时期确实形成了大量开放式花园。这导致“景观”的含义和结构发生了根本性的变化，并形成了两种明显不同的景观，即“呼啸山庄”式的荒原和精心打理的郊区。

17 世纪发达地区佛兰德花园的乡村景观。前景描绘的是人们正在打理花园，中景展示的是剪羊毛的场景，远景中则有一场宴会。这种花园风格后来传入英国。

举办宴会的温室

温暖而干燥，舒适的活动空间。

欧洲最早的温室是橘园，这种温室主要用于种植果树，尤其是橘子树。由于橘子的生长环境是温暖而干燥的，同样也适宜人类活动，比如那些建在宫殿里的温室就经常会成为王后和公主们的冬日避寒场所。英国的安妮女王非常喜欢肯辛顿宫里那座建于 1704 年的温室，冬季时经常在里面用餐。她有时还会在那里举办宴会。安妮女王对温室的喜爱在英国小说家丹尼尔 · 笛福（Daniel Defoe）的作品中也有记载。

温室和橘园成为贵族（尤其是女士们）举办宴会的人气场所，其中最奢华的是维也纳美泉宫的大橘园里举办的。这座橘园建于1744 年，设计师尼古拉斯 · 帕卡西(Nikolaus Pacassi）颇费苦心，因为最初设计它不仅是为了栽培各种植物，还为了能举办宫廷宴会。这座建筑给人的印象不仅仅是一座温室，更是一座规模宏大的大厅。后来，作为伦敦世博会及其他博览会的配套设施，玻璃温室型建筑开始盛行。应当指出的是，这一趋势不仅是人们对新型建筑材料大力追捧的结果，也是“温室向公众开放举办大型宴会”这一持续 150 多年传统的结果。

1839年3月，美泉宫大橘园举办的宴会。橘子树上结满了果实，桌上有装饰物，上方还有许多大吊灯，它们都起到了装饰作用。

次页图：
亚历山德罗 · 伽利雷设计的最新改良后的温室建筑的正面图（上）和平面图（下）。这座设计巧妙的建筑在供暖等方面做了大量改进。出自理查德 · 布拉德利的《绅士与园艺师日历》（1718年）一书。

理查德·布拉德利的温室

英国绅士提出的温室设计方法与范本。

理查德·布拉德利是英国皇家学会的成员，也是18世纪10年代著名的温室改良倡导者，他在《绅士与园艺师日历》一书中首次提出了温室设计的方法与范本。

布拉德利认为，温室的整体应为圆形，正面朝南（最好是西南方向），以便全年或全天都能最大限度地接收阳光。窗户在夏天时可以拆卸，立柱也要足够细，以免遮挡阳光的进入。地面应使用防水瓷砖。此外，温室的设计还必须精妙，使其在之后能与人们居住的主屋相连。

就这样，布拉德利建造出了由意大利建筑师亚历山德罗·伽利雷（Alessandro Galilei）设计的时髦温室。不过，这些温室的供暖系统是传统的木炭。布拉德利提出了另一种取暖方式，即附设一个带烟囱的壁炉室，这一方法在夜间时效果尤其明显。后来，布拉德利又尝试了炉子和蒸汽等新的使用方法，最终解决了取暖问题。

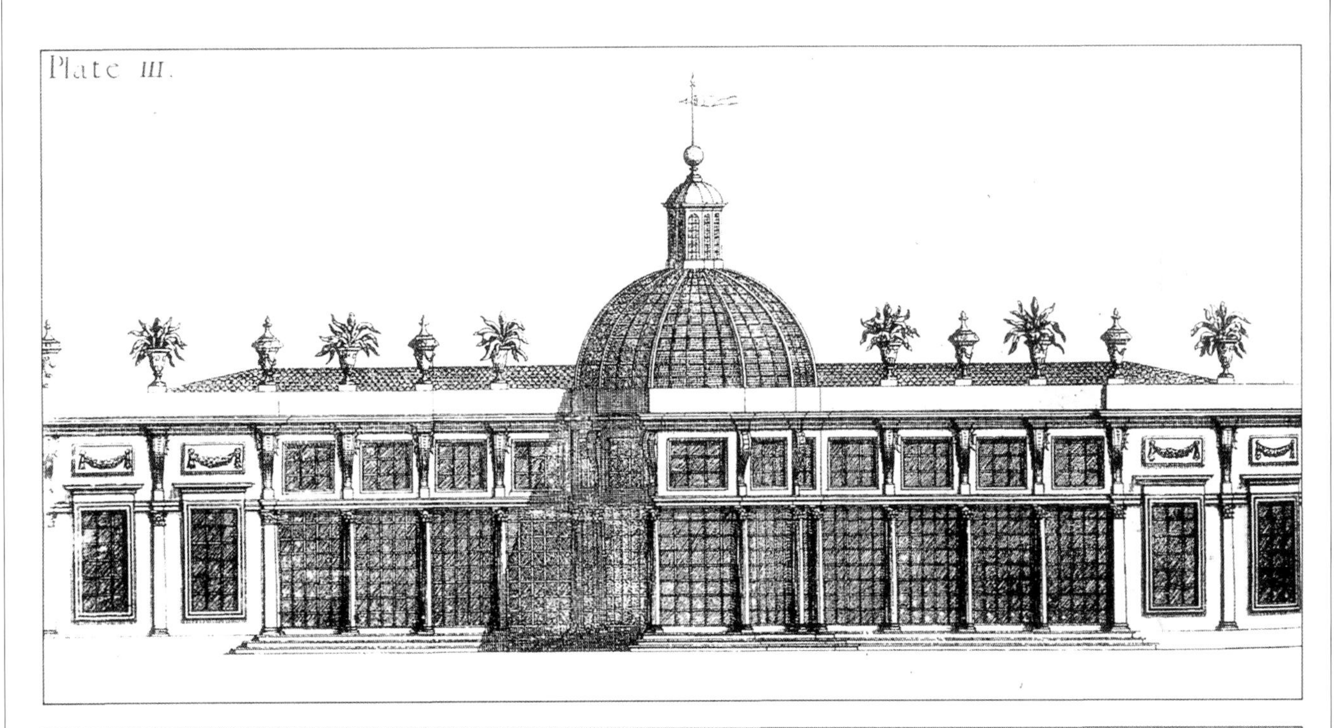

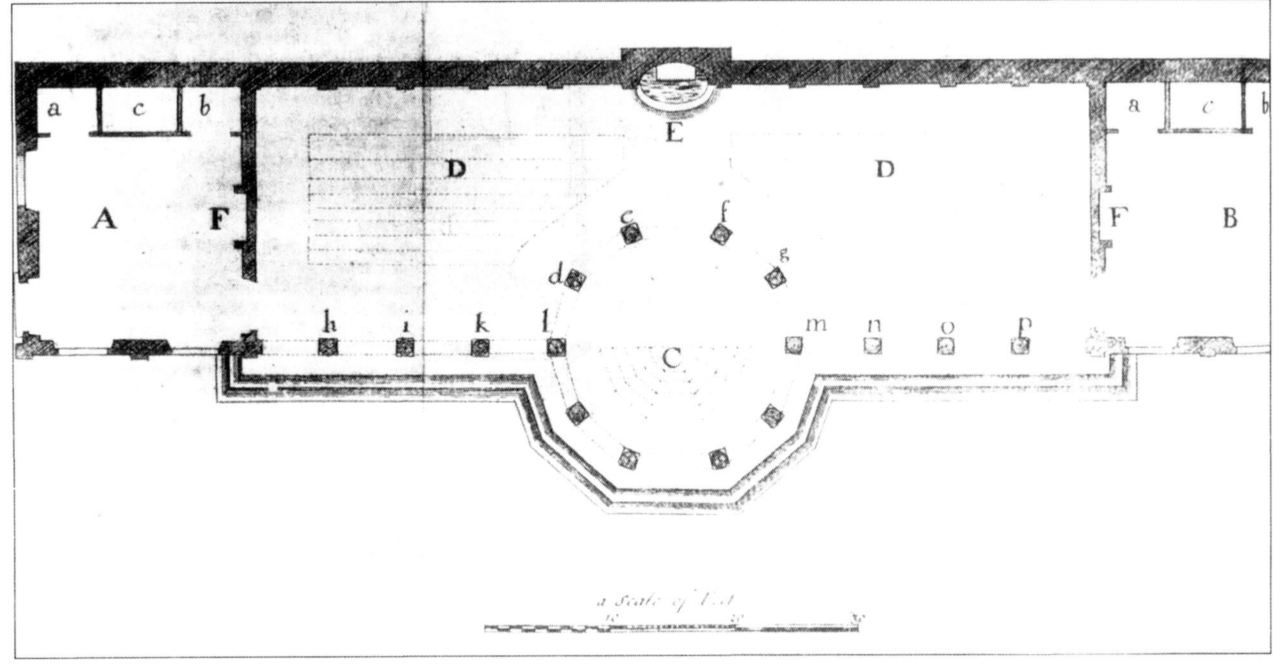

凤梨温室

一座象征着异国水果的怪异建筑。

英国贵族约翰·默里·邓莫尔四世伯爵（John Murray, 4th Earl of Dunmore）于1761年下令在他的领地建造了一座巨大的怪异建筑，名为“邓莫尔凤梨”（The Dunmore Pineapple）。这座略带诡异气息的建筑位于苏格兰低地，是老式温室（Stovehouse）的代表，随着18世纪60年代“凤梨种植热”的兴起而诞生。

这座建筑装有玻璃，整体外观也酷似凤梨。建筑两侧的单层石造建筑是炉房（人们在这里烧煤，打开玻璃窗后可以调节蒸汽）。“邓莫尔凤梨”在过去不仅是栽培外来水果的温室，还具有瞭望塔的功能。这座建筑现存于世，向人们诉说着18世纪曾席卷欧洲的凤梨热潮。

亚历山大·杰克逊·戴维斯的哥特温室

一座镶嵌着玻璃的、古老而神秘的石造建筑。

1849—1850年，美国温室设计师亚历山大·杰克逊·戴维斯为纽约市前市长小史密斯·伊利（Smith Ely junior）设计了一个独具匠心的大型温室，人们称之为“哈德逊河叠涩样式”。这种园艺设施的倡导者戴维斯是位出色的温室及葡萄园设计师，尤其热衷于建造哥特式风格的温室，“伊利温室”就是其所有创意的结晶。

如对页上图所示，该设计以哥特式石头结构为中心，附有一个长长的阳台，给人一种古老而神秘的感觉，乍一

“邓莫尔凤梨”的全景。细腻而精密的石雕不禁让人联想到哥特式建筑的尖顶，令人叹为观止。

看类似于17—18世纪的建筑风格。不过，戴维斯在这里全部安装了玻璃，形成了一种游廊式的温室。中间的塔楼是入口，左侧是客房和起居室。阳台上的玻璃可以拆卸，这样在夏天就可以重新变成走廊。这一大胆的设计引起了人们的关注，并对后世产生了影响，但它仅停留于构想，并未真正实现。

皮埃尔·杜邦的大温室

企业家的爱好造就了一座“玻璃罩花园”。

杜邦公司是世界化工行业的知名企业，由E.I.杜邦（E.I.du Pont）创立，其曾孙皮埃尔·S.杜邦（Pierre S.du Pont）从小就喜欢植物。杜邦家族在来美国之前就有栽培植物和建造花园的习惯，皮埃尔·杜邦的这种爱好也是祖传的。1914年，富家子弟皮埃尔在自己的居所长木建造了第一个温室——长木花园，当然，他的梦想远不止于此。1921年，在杜邦公司的设计师J.W.库普（J.W.Cope）的帮助下，他建造了一个“纯粹因个人喜好而设计的温室”。据说，该建筑最初的许多设计理念都来自皮埃尔本人。

他在长木建造了更多的温室，并在里面栽培了各种珍贵的时令花卉和其他植物。这些温室是企业家假日放松身心的理想场所，反映了当时美国不同职业人的普遍天性（崇尚自然）。每个温室的前院都设有喷泉，是一个精心设计的社交和娱乐场所。世人称这些温室为“玻璃罩花园”，它们就像植物爱好者的“迪士尼乐园”，也为后来将温室发展成休闲场所提供了灵感。

亚历山大·杰克逊·戴维斯设计的哥特式温室。长廊式的阳台装有玻璃，冬季时保留，夏季时拆除，使其重新变回走廊。

长木温室的玻璃罩下是整座大花园的缩影。在每个温室中，时令植物向人们展示着它们最迷人的样子。

这是一幅19世纪的英国版画，描绘的是人们在温室里给植物换盆的场景。正如雅姆在其小说中所描绘的那样，在19世纪下半叶的欧洲，人们通常会在住宅一侧建一个温室。普通家庭开始使用花盆也是在这一时期。

“柯亭立精灵”系列照片中最先公布（也是最有名）的一张。照片中的女孩隐瞒了真名，化名为“爱丽丝”。请注意，拍摄者忘了给左起第二位仙子画翅膀。据说，这些仙子的形象参考的是以圣诞节为主题的书籍中的插画。

次页图：
爱德华·希克斯的画作《和平王国》（1830—1840年）。这是同名系列作品之一，描绘的是1681年，殖民者在宾夕法尼亚州与北美印第安人签订第一份契约时的场景。19世纪初，这些旖旎的田园风光依然存在。

汤姆叔父的魔法温室

一个魔法温室，种满了来自遥远国度的植物。

它是法国诗人弗朗西斯·雅姆（Francis Jammes）在其著名小说《阿妮丝的苹果》（*Pomme d'Anis ou l'histoire d'une jeune fille infirme*）中描述的一个奇特温室。雅姆称，这部小说的灵感来自他1903年在车站遇到的残疾女孩阿妮丝。行动不便的阿妮丝有一个叔父，名叫汤姆。他在花园的一角建了一个温室，兼作实验室。阿妮丝对这个温室非常着迷，有一天，她趁叔父不在家，走进了温室。她看到里面的植物盛开着五颜六色的花，再往里走，一种奇特的植物引起了阿妮丝的注意，那是“含羞草”。这些“含羞草”会做什么样的梦呢？根据法国植物学家菲利普·凡·蒂盖姆梵·第根（Philippe Van Tieghem）的说法，这些植物是由各种各样的彗星从月球带到地球上的……她的叔父经常给她讲这些神奇的故事。

女孩在温室里看到了更多的有趣植物。例如，汤姆叔叔最引以为豪的“从古埃及石棺中找到的香水草的种子”（这颗古老的种子说不定还能发芽）。

汤姆叔父的温室里栽种了来自遥远国度的各类植物，是一个典型的魔法温室。说不定这些植物就是“反重力生物”，能一直延伸到宇宙中。那么，一个少女无边的想象力是否也可以视作一种“反重力植物”呢？

柯亭立精灵的仙子花园

发生在英国小村庄的灵异照片事件的始末。

世界上首次拍摄到精灵仙子的森林。1917年，住在英国约克郡柯亭立村的埃尔西·赖特（当时15岁）和她的表妹弗朗西斯·格里菲斯（当时9岁）在附近的森林里偶遇了花仙子，并成功地拍到了仙子的照片。神智学协会成员、超自然主义哲学家爱德华·L.加德纳（Edward L.Gardner）看到照片后，确认了照片的真实性，并向《福尔摩斯探案集》的作者柯南·道尔（Conan Doyle）

寻求建议。柯南·道尔也认定这张照片是真的，并于1920年将其刊登在了月刊《斯特兰德杂志》（*The Strand Magazine*）上。1923年，道尔还出版了一本名为《精灵降临》的著作，这让柯亭立森林立刻成为著名的“仙子花园”。

事实上，这两个女孩拍摄的仙子照片只是埃尔西和弗朗西丝的个人纪念照，她们身旁的仙子“怎么看都是平面的”。无论加德纳和道尔如何判断，照片中的仙子显然是画出来的。但由于当时的摄影技术人员证实这些照片不存在合成或双重曝光的情况，所以关于照片的真伪持续争论了50多年。1982年，人们再次对这些照片进行技术鉴定，结果表明，照片中的仙子实际上是用纸做的，并通过将其附着在附近的树枝和草地上拍摄而成。对此，约60年后，埃尔西等人首次公开发表声明，承认了她们当年出于孩子的好奇心，将“纸仙子”用钉子固定后拍摄的事实。

至此，“柯亭立精灵”一案尘埃落定，但英国仍有许多人相信有仙子生活在花园和森林里。

爱德华·希克斯的理想园

在美洲的荒野中，猛兽与羊和人类共存。

爱德华·希克斯（Edward Hicks，1780—1849年）是美国民俗绘画的领军人物，他在美国这片土地上创造了一个有别于以往理想园的新形象，其中最有名的就是《和平王国》（*Peaceable Kingdom*）。他将宾夕法尼亚州雄伟的大自然视为人类的乌托邦，并通过描绘所有猛兽与人和其他弱小动物和平共处的场景，主张消除一切冲突，尤其是与美洲的原住民。

在《和平王国》中，狮子、老虎、豹子和山羊是基督教寓言中善与恶的象征。例如，老虎和豹子代表“罪恶”，人类和羊代表迷茫的信徒，从中可以看出善恶之间的宗教冲突在此刻完全消解。在美洲的荒野中，希克斯看到了在欧洲通常以悲剧收场的宗教战争的终结。

动物园

研究动物学的庭园在欧洲的变迁史。

一个明确的历史事实是，“the zoo”（动物园，一般简称“zoo”）最初指的是可以看到动物的花园。事实上，“zoo”一词来源于伦敦动物学会在里真茨公园建的一个专门用于研究野生动物的庭园——“zoological garden”。之后，为了方便孩子们称呼，园区将其缩写成了“zoo”。在18世纪之前，动物园基本都位于伦敦塔或宫殿的附属建筑内，而将动物关在室外花园中的笼子里饲养的方法可追溯到法国皇家植物园（后更名为巴黎植物园）和伦敦动物园。事实上，近代的动物园也是一种“花园”。

20世纪，德国野生动物商人卡尔·哈根贝克（Carl Hagenbeck）开创了一种动物园新模式，即没有笼子的自然动物园。第二次世界大战后，游客乘车进入动物生活区的形式开始流行起来。动物园终于将自然的平原和森林纳入了其范围。

《周一下午的伦敦动物园》，查尔斯·约瑟夫·斯坦尼兰（Charles Joseph Staniland）绘制。在这家动物园里，大象的人气很高，园区提供了许多与大象互动的项目。

伦敦动物园开园营业时的鸟瞰图，拍摄于1829年。这座动物园于1828年向公众开放。

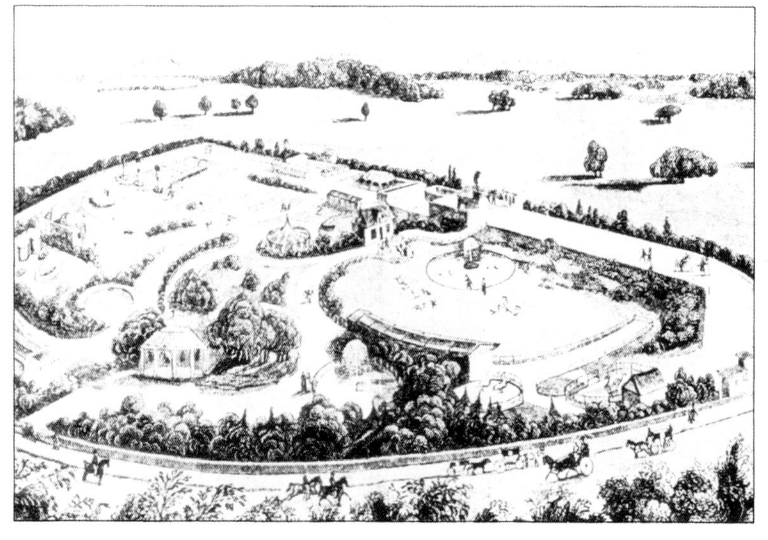

1831年，伦敦动物园的竞争对手萨利动物园开业，但其人气远远不及伦敦动物园，很快就倒闭了。

中国清代庭园

一个处处体现长生和永恒寓意的象征王国。

中国自称“花之王国”，对中国人来说，园林是“天地自然，如在眼前”。从明朝到清朝，中国园林的风格逐渐完善，形成了不同于西方和日本园林的风格。首先，中国园林以山石为核心，其灵感来自道家思想中对奇峰怪石的崇拜。这些岩石代表着山，象征着能量之源。从山石中发散出的自然生命力通过树木流向湖泊和大海。在中国园林中，湖泊也是重要的象征。

中国清代庭园。小塔、月门、四阿和九曲桥的倒影映在水面。象征山峦的松树和巴洛克风格的岩石使这一理想景观变得更加完美。中国园林是一个处处体现长生和永恒寓意的象征王国。

作为承载着无穷生命力的能量传播者，庭园里的树木被似水神和长龙形象的瓦墙所包围，如同它们的能量渗透到整个庭园。圆月门、九曲桥和贮存着精气的亭台，它们无不蕴含着中国式的生命哲学。中国园林是一个处处体现长生和永恒寓意的象征王国。

长崎出岛的全景图。从陆地一侧看，最右边是荷兰船只的卸货场和一个名为“水门”的大门。左半边是苗圃、花园和田地。过去，这里栽培着来自南洋的珍奇植物。

出岛的庭园

跨文化交流的窗口，充满异国植物的世界。

“岛原起义”之后，日本江户幕府采取了将外国人集中到一处进行管理的政策，并于宽永十八年（1641 年）将荷兰贸易站从平户迁至出岛（人工岛）。对日本来说，出岛是一座重要的岛屿，也是接触和吸收外来文化的窗口。这里在不同时期曾存在过一到四处庭园（或栽培基地）。在德国博物学家恩格尔贝特 · 肯普弗（Engelbert Kämpfer）绘制的出岛地图中，从陆地上可以看到左侧有一个苗圃，远处有一片松树林，它们可能就是西方人常说的公园或绿化带。那里种植了蔬菜、药材、观赏花卉和遮阴树，其中有许多是荷兰人从爪哇和中国运来的异国植物。

在出岛的现址，即传说中庭园过去所在的地方，矗立着高耸的贝壳杉（Agathis dammara），俗称“出岛之木”，属于南洋杉科植物。马尼拉树脂就是从它的树皮中提取的。另外，德国植物学家西博尔德还在这里建了一个植物园，并很快成功移植了日本和中国的数千种不同品种的植物。他的植物学研究在出岛和鸣泷塾（西博尔德在长崎郊外开设的学塾）同时进行。出岛还建有动物馆，不仅饲养家畜，还有各种珍稀动物。对植物和动物的传播来说，出岛是一座“窗口花园”。

驹场药园

日本德川幕府经营的大药园的前世今生。

驹场药园与小石川药园同为德川幕府在江户经营的大型药园，位于现在东京大学驹场校区附近，后来成为农科大学（现东京大学农学部）的实验农场，而小石川药园则成为东京大学的植物园。驹场野原本是上目黑村领主的地皮，曾短暂地作为伊达家的郊外住宅，后来成为幕府的财产。

驹场野曾被用作狩猎场，并配有驯鸟员，享保五年（1720 年），日本本草学家植村左平次将这块面积约 3.3 公顷的土地变成了药园。在这里，江户（日本东京的旧称）的博物学家丹羽正伯、田村元雄、栗本丹洲等人进行了植物学研究和栽培实验。后来，药园的面积扩大至 13 公顷，并仿造富士山建了一座物见之丘。明治之后，这里成为农艺中心，栽培了许多从新宿御苑移植过来的欧洲实用植物。

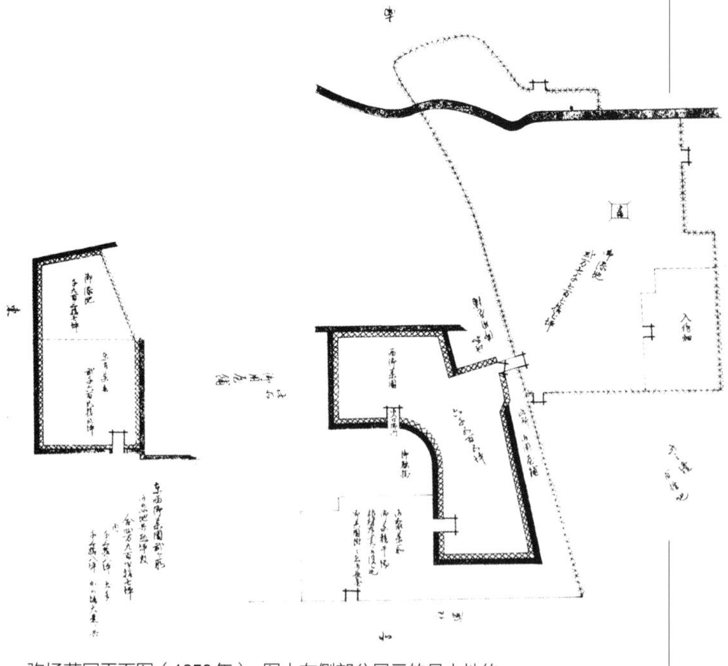

驹场药园平面图（1859年）。图中左侧部分展示的是占地约 8700 平方米的东御药园及其附属地。中间是占地约 2200 平方米的西御药园，右侧是西御药园的附属地和农田。上方的河流是目黑川。与现在地图不同的是，河流向南流淌（出自上田三平《日本药园史研究》，1930年）。

长崎药园

外来植物的“休养地”，在栽培亚热带植物方面取得了突出成果。

长崎药园于延宝八年（1680 年）建立，是一座为了栽培进口药用植物而开辟的药用花园。它是由当时长崎奉行（“奉行”是管辖江户以外的幕府直辖地的役职）的河口摄津守（“摄津守”为官职名）下令建造的，用来栽培中国船只运来的大量植物。起初，选址在小岛乡的内十禅寺，占地约 3 公顷。但在元禄年间，那里有人建起了唐人屋，因此不得不迁移至岩原乡立山，后又迁至小岛村天草乡大宫所一处占地约 4000 平方米的空地。

虽然规模缩小了，但药屋德右卫门等人费尽心力将它打造成一座真正的药园，尤其在亚热带植物的栽培上取得了突出的成果。从国外引进的植物先在这里“休养生息”，待适应日本的土壤和环境后再移植到其他地方。据说，江户的小石川药园等药园对植物的需求都是依赖长崎药园供给的。随着规模不断扩大，这里的药剂师也从 1 人增加至 3 人，明和五年（1766 年）增加至 5 人。宽政二年（1790 年），老中（江户幕府的官职名）松平定信将江户、京都、骏府和长崎四个药园的种苗赠送给民众，很快整个日本掀起了一股种植外来植物的热潮。

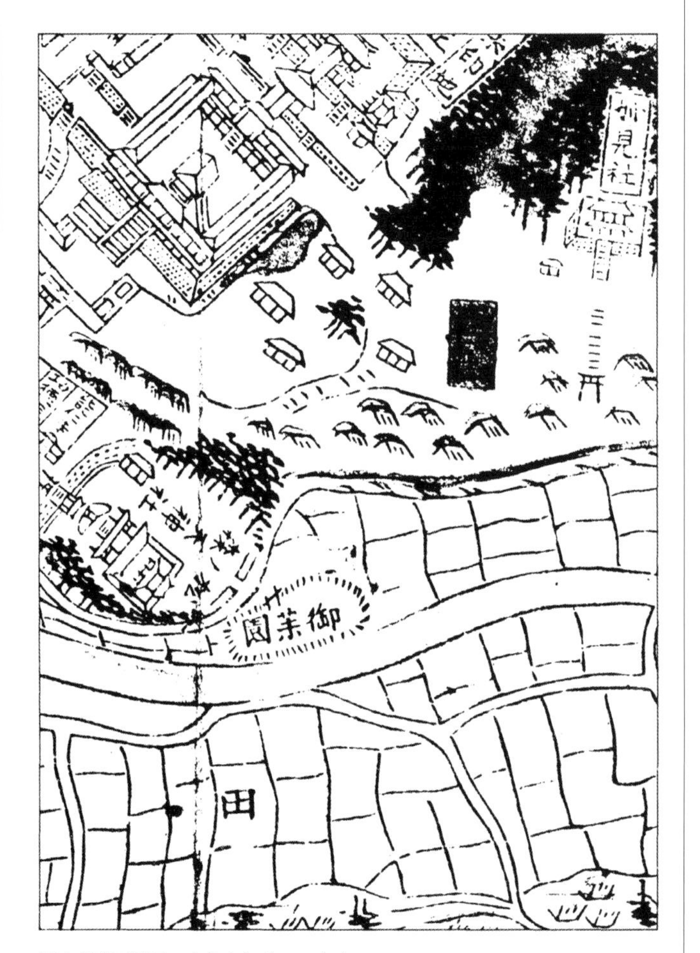

西山御药园的图。文化七年（1810年），该药园从天草乡大宫迁至西山乡。药园内还设有用于镇守的神农祠。

栗林公园

博物学大家松平赖恭与药园负责人平贺源内。

位于高松的旧松平藩的大庭园，园内有能让人联想到“神仙乡”的山谷和茂密森林，还有用作药草的苗圃，其用途极为广泛，但整体而言仍是日式庭园的代表。

它背靠紫云山，占地约 75 万平方米，是丰臣秀吉册封给高松第一代藩主生驹氏的御用森林。这里种植了许多栗树，以备饥荒时救灾之用，因此被大家习惯性地称为“栗林庄”。宽永十九年（1642 年），藩主松平赖重对其进行整修，并将其改造成一个带有茶室的大花园。之后，栗林庄不断扩建，到松平赖恭（赞岐高松藩第五代藩主，也是著名的博物爱好者）时，建设已基本完工。扩建后的栗林庄结构复杂迂回，有中式的怪石、山峦和南北两个湖泊，其雅趣程度在深度和广度上丝毫不逊于日本三大名园。

值得一提的是，赖恭当时任命了他看好的藩士平贺源内担任栗林庄中药园的负责人。源内在日本各地搜集实用树种和珍稀树种，其中包括一棵被他误认为是橄榄树的杜英树（Elaeocarpus sylvestris），这棵树一直保留至今。然而，当源内在药园里尝试栽培人参时，由于他无法实现自己的抱负，他最终放弃了白米 1200 公斤、银子 10 两的俸禄，以“浪人”（指离开主家或失去俸禄的人）的身份前往江户闯荡。

栗林公园的知名景点：偃月桥和南湖。桥的对面能看见“杜鹃岛”，因池塘边有杜鹃花而得名。左侧远处的建筑是掬月亭和星斗馆。最前方的大树是松树。

三溪园

一座充满浓郁日式风情的回游式庭园，集中体现了日本的传统美学理念。

三溪园是日本横滨生丝商人原三溪建造的一座现代庭园。原三溪对日本艺术有着浓厚的兴趣。明治三十二年（1899 年），横滨屈指可数的生丝商人之一原善三郎去世后，女婿原三溪成为生丝批发商“龟屋”的掌门人。作为一个受过大学教育的知识型商人，原三溪将一种全新的经商之道注入了已显陈旧的生丝行业，同时着手实现自己多年的梦想，即打造一座充满日式美学风格的殿堂，它就是位于横滨本牧的三溪园。

这座庭园的前身是“私人招待所”，于明治三十五年(1902年)建成，后被改建成一座充满浓郁日式风情的回游式庭园。原三溪不仅将一些有历史价值的茶室迁至此地，还新建了一些茶室，并建造了一座装饰有下村观山的袄绘（隔扇画）的主阁。这里集合了原三溪从日本各地购买的古董、古代生活用品及古建筑。例如，丰臣秀吉下令建造的寿塔覆堂、伏见城中的月华殿、宇治金藏院的九窗茶室和春草庐等，至今仍能在这座名园中看到。据说，原三溪对艺术品收藏的热情和资金投入之巨大，使古董的市场价格急剧飙升。

内苑池泉和临春阁是三溪园的核心。这座建筑原为纪州德川家的一部分，建于和歌山市郊的纪之川河畔，三溪园开园时被迁至此。

皇居园林

在东京市中心，有一片神奇的天然“草原”。

位于东京千代田区中心的大型自然花园。东京的前身是江户城，明治维新后，天皇从京都来到此地，从此该地被称为“皇城”，后更名为“宫城”，第二次世界大战后又更名为“皇居”。其中，吹上御苑为旧花园，昭和天皇即位后，这里成为他打高尔夫球的地方。不过，在昭和天皇正式开始生物研究之后，他计划将这一区域归还给武藏野森林公园。天皇亲自种下他在野外采集的野生植物，并禁止任何人清除这里的杂草[这是昭和十年（1935年）前后的事情]。据说，截至“二战”结束后的昭和二十三年三月（1948年3月），这里共发现了818种植物。

如今，这里生长着超过1000种野生植物，真是不可思议，东京市中心竟然有这样一片天然“草原”。过去在武藏野广泛栽培的紫草——江户紫，现在也在此地繁荣生长。据说，它们是从富士山南麓移植来的。昭和天皇每天亲自为这些野生植物的幼苗浇水。1948年，87岁高龄的牧野富太郎也访问了皇居园林，并参观了吹上御苑。

昭和天皇在给野生植物苗圃浇水，这张照片是他在御书房的阳台上度过私人时光的场景。种子是随从准备的，他坚持亲自浇水。

在吹上御苑里观察杓兰的昭和天皇。这座花园是一个天然花园，生长着1000多种野生植物（图片出自田中德的《天皇与生物研究》，1949年）。

学名索引

用途索引

相关人名索引

1　约翰 · 英格（John Ing，1840—1920年）

美国传教士、英语教师，明治时代初期时受雇的外国人之一。1875年，英格以教师的身份前往青森县弘前市的东奥义塾支教，为当地的教育做出了重要贡献。他教授包括英语、博物学和历史在内的多个科目，尤其擅长博物学，他强调要注重实地考察。约翰 · 英格还从家乡带来了许多蔬菜种子和果树苗，为日本的农业发展做出了贡献。随着以美国印第安纳州命名的“印度苹果”的引进，日本青森县逐渐发展成为世界上最大的苹果产地之一。→*14*

2　约翰 · 威廉 · 魏因曼（Johann Wilhelm Weinmann，1683—1741年）

德国南部雷根斯堡最古老的药店的店主，他曾邀请许多画家与其一起绘制《药用植物图谱》的插图，其中包括德国植物学家兼艺术家乔治 · 狄奥尼修斯 · 埃雷（Georg Dionysius Ehret）。→*29*，*35*，*102*，*127*

3　纳撒尼尔 · 巴格肖 · 沃德（Nathaniel Bagshaw Ward，1791—1886年）

英国医生、博物学家。1827年，他发现蕨类植物在被遗忘的密封玻璃瓶中能够繁荣生长，并由此发明了一种玻璃瓶。这种玻璃瓶被称为“沃德箱”，常被植物猎人用来运送活体植株，以及种植蕨类植物。→*8*

4　威廉 · 柯蒂斯（William Curtis，1746—1799年）

英国园艺家、出版人，他的爷爷是药剂师，因对药用植物感兴趣而开始学习植物学。20岁时，柯蒂斯前往伦敦求学，立志成为一名医生。在成为药剂师和大学的植物学助教后，他在布朗普顿建造了一家大型植物园。1777年，他创办了一份专门介绍生长在英国的植物图谱《伦敦植物志》（*Flora Londinensis*），广受好评，但因其中介绍的植物都极为常见，杂志的销量并不高。1787年，柯蒂斯创办了《柯蒂斯植物学杂志》。这次他将重点放在了热带珍奇植物上，大获成功。这份杂志很快成为邱园的官方杂志，也是目前世界上发行时间最长的植物学杂志。→*104*

5　詹姆斯 · 库克（James Cook，1728—1779年）

英国探险家、航海家，大家一般称其“库克船长”。应英国皇家学会的要求，他一共进行了3次远洋探险，使欧洲人对太平洋有了全面的了解。第一次（1768—1771年），他去了新西兰和澳大利亚，第二次（1772—1775年）去了南冰洋，第三次（1776—1779年）去了夏威夷群岛。后来，他在与夏威夷岛上的原住民的冲突中不幸丧生。→*8*

6　菲利普 · 弗朗兹 · 冯 · 西博尔德（Philipp Franz von Siebold，1796—1866年）

德国医生、旅行家、植物学家。1823年到达日本长崎的出岛，成为荷兰贸易站的一名医生。在此后的6年间，他主要致力于日本文化与自然的研究。在植物学方面，他回国后编写的《日本植物志》成为第一部向欧洲读者介绍日本植物的重要文献。例如书中介绍的绣球花，其种加词就源于他的情人阿泷的名字。→*7*，*32*，*33*，*37*，*54*，*145*

7　亚历山大 · 杰克逊 · 戴维斯（Alexander Jackson Davis，1803—1892年）

美国建筑师、插画家。他是哥特复兴时期最著名的建筑师，设计并建造了许多哥特式的乡村别墅。最初戴维斯是位画家，服务于一家艺术工作室。不过，他的作品在当时并不为人所知，位于纽约的联邦大厅（前海关大楼，建于1833—1842年）被认为是他的代表作。之后，他的风格逐渐转向了哥特式，并成为哥特复兴运动的领军人物。19世纪60年代，随着大众口味的改变，他选择了隐退。→*140*

8　皮埃尔 · 塞缪尔 · 杜邦（Pierre Samuel du Pont，1870—1954年）

美国食品、化工、纤维巨头杜邦公司20世纪上半叶的掌门人。杜邦家族在法国大革命后，为躲避恐怖统治，从法国移民到美国，如今是美国最富有的家族之一。→*141*

9　马场大助（1785—1868年）

出生于江户，旗本马场利光的次子、江户业余博物学家研究会“赭鞭会”的核心成员之一，他在芝增上寺西里的自家庭院里栽培了许多西洋舶来的植物，并对其进行观察和写生。与岩崎灌园也有来往，在西博尔德到访江户时，还与灌园一同前去拜访西博尔德。著有《远西舶上画谱》《群英类聚图谱》等作品。→*61*，*65*，*107*

10　约瑟夫 · 班克斯（Joseph Banks，1743—1820年）

英国植物学家，立志从事植物学研究。从牛津大学毕业后，他参加了库克船长的第一次远洋探险。之后，他成为英国皇家学会会长，任职长达40年。他还成立了林奈学会，旨在振兴植物学。他还担任过邱园的园长，将邱园打造成了一个大型的殖民地植物研究中心。→*8*

11　阿方斯 · 比拉姆 · 德 · 康多尔（Alphonse Pyrame de Candolle，1806—1893年）

瑞士植物学家。康多尔生于植物学世家，他父亲也是一位著名的植物学家。康多尔积极研究比较形态学、植物分类学和植物地理学，它们都为生态地理学奠定了基础。他的主要著作《栽培植物的起源》至今仍被视为该领域的典范。该著作详细介绍了新旧大陆250种植物的起源，但对中国植物的介绍较少。→*155*

12　威廉·胡克（William Hooker，1779—1833年）

英国博物学家。奥地利植物学画家费迪南德·卢卡斯·鲍尔（Ferdinand Lucas Bauer）的学生，他为库克船长从澳大利亚带回的植物绘制了图谱，曾担任《伦敦园艺学会纪要》的编辑及原画师。（胡克与曾担任《柯蒂斯植物学杂志》主编的邱园园长胡克爵士没有任何关系，也不是亲戚，只是恰巧同名。）《伦敦园艺学会纪要》旨在重新整合混乱的植物品种。因此，其中的插图并不仅仅是描绘珍奇品种和美丽品种，也追求科学的严谨性。→*39，41，45，51*

13　威廉·布莱（William Bligh，1754—1817年）

英国航海家，也是"邦蒂号哗变事件"发生时的船长。当时，他与部分船员被放逐大海后，竟奇迹般地活了下来。布莱船长完成了将面包树从太平洋运往西印度群岛的伟大计划。→*8*

14　理查德·布拉德利（Richard Bradley，生卒年不详）

英国植物学家。1712年成为英国皇家学会的成员。1718年出版了世界上第一本关于温室设计的理论书《绅士与园艺师日历》。→*139*

15　老普林尼（Pliny the Elder，本名盖乌斯·普林尼·塞孔都斯，公元23—79年）

古罗马博物学家，学贯古今和中西，于公元77年完成37卷巨著《博物志》。→*43，69，76，80，96*

16　南方熊楠（1867—1941年）

日本博物学家、人类学家和民俗学家，生于和歌山。搬到东京后，南方熊楠进入一所大学的预科班，但后来因过于热爱博物学而辍学，之后移居美国。环游世界一段时间后，他成为伦敦大英博物馆的馆员。1900年，他返回故乡，并在晚年致力于植物采集及其分类研究。最著名的成就是关于喜好游移的黏菌的研究。他还是神社合祀反对运动的先驱，以主张保护环境而闻名。→*11*

17　皮埃尔-安托万·波瓦多（Pierre-Antoine Poiteau，生卒年不详）

法国植物画家。他在《柑橘图谱》一书中描绘了许多华丽的柑橘类果实。1796年，他被巴黎植物园派往海地。→*21*

18　巴蒂·兰利（Batty Langley，1696—1751年）

英国庭园理论家，他父亲是一名园丁。兰利的事业从风景式庭园设计师起步，设计了许多哥特式庭园。1728年，兰利出版了《新庭园造型理论》，这是关于英式园林的早期重要理论论著。不同于法式的直线型园林，巴蒂·兰利提倡灵活运用曲线的园林造型。→*136*

19　卡尔·冯·林奈（Carl von Linne，1707—1778年）

瑞典植物学家、现代生物学的奠基人。师从瑞典博物学家、乌普萨拉大学教授鲁德贝克，毕业后，林奈前往拉普兰进行植物采集。之后，他前往荷兰、英国和法国游学。回国后，他接替导师成为母校乌普萨拉大学的植物学教授，并提出了以花的形状为基础的人为分类系统和生物名称的二项式命名法。→*102，111*

20　皮埃尔-约瑟夫·雷杜德（Pierre-Joseph Redouté，1759—1814年）

出生于比利时法语区，是有史以来最著名的植物画家之一，他父亲也是一名画家。23岁前往巴黎，雷杜德一边做舞台布景的帮工，一边绘制花卉画。后来，受到赏识的他成为玛丽·安托瓦内特（法国路易十六的王后）陈列室的画师。他于1793年成为法国国家自然历史博物馆的画师，在拿破仑时代又成为约瑟芬王妃的御用画师。→*31*

图片出处索引

耶·凡·吉尔（Pierre Corneille van Geel），对开本，巴黎，1847年

为了增加全16卷的大型园艺书《植物采集报告》（*Sertum Botanicum*，1829—1830）的销量，凡·吉尔精选了200张插图，结集成美丽的花卉集出版。手工上色的石版画十分精美。→*123*

13 《伦敦果树志》（*Pomana Londinensis*），威廉·胡克（William Hooker），伦敦，1818年

曾是《伦敦园艺学会纪要》的编辑和原画师，与《柯蒂斯植物学杂志》前主编、邱园前园长威廉·杰克逊·胡克（William Jackson Hooker）同名。本书采用了凹版腐蚀制版法，细腻地展现了光影效果，并在画面上营造出一种深邃的立体感。苹果和桃子在这本书中占了很大篇幅。

14 《画给孩子们的图谱》（*Bilderbuch für Kinder*，共12卷），弗里德里希·尤斯廷·贝尔图赫（Friedrich Justin Bertuch），卷8，魏玛，1810年

19世纪一部伟大的儿童百科全书。它描绘了地球上的许多现象，包含1000多幅手绘彩插。→*55，56，57，70，71，81，82，83，84，85，110，113*

15 《北美洲林木志》（*Histoire des arbres forestiers de l'Amerique Septentrionale*），弗朗索瓦-安德烈·米切厄（François-André Micheaux），1810—1813年

米切厄是法国植物学家，他与其父亲是最早介绍北美洲树木的植物学家。1801年，他与父亲邀请了被誉为“花之拉斐尔”的雷杜德合作出版了《美洲柏属志》一书。之后，米切厄继承父业，出版了《北美洲林木志》。1800年前后，米切厄三次前往北美洲探索，最终完成本书。书中的插图出自雷杜德之手。→*125*

16 《苏利南昆虫变态图谱》（*Dissertatio de generatione et metamorphosibus insectorum Surinamensium*），玛丽亚·西比拉·梅里安（Maria Sibylla Merian），对开本，海牙，1726年

初版（1705年）中有60幅插图，后来的版本增加至72幅。不仅仅是花卉图谱，在所有博物图谱中，这本书也是出版时间最早和最具吸引力的。梅里安独自带着女儿移居苏里南，在当地生活了近10年。其间，她一直从事昆虫和植物学研究。她父亲是著名的铜版画画家，受其影响，梅里安萌生了出版图谱的想法，并创作了一部具有里程碑意义的作品。它是博物爱好者的收藏书单中必不可少的一本。→*49，60*

17 《柑橘图谱》（*Histoire Naturelle des Oranges*），约瑟夫·安托万·里索（Joseph Antoine Risso）、皮埃尔-安托万·波瓦多（Pierre Antoine Polteau），巴黎，1818—1822年

这本书被认为是有史以来关于柑橘的最优秀、最精美的博物图谱。作者里索来自法国南部的尼斯，是药剂师兼植物学家，专门研究法国南部的野生植物。画师波瓦多于1796年被巴黎植物园派往海地，并在那里学习了许多热带柑橘的知识。波瓦多的绘画风格是忠实地记录标本原貌，而不是将其标准化或理想化。→*18，19，20，21，23*

18 《植物学通信》（*La Botanigue*），让-雅克·卢梭（Jean-Jacques Rousseau），皮埃尔-约瑟夫·雷杜德（Pierre-Joseph Redouté），对开本，1805年

卢梭不仅是哲学家，还是伟大的植物学家。他常常通过观察花卉来慰藉自己孤独的内心。卢梭以书信形式留下了植物学日志，花卉画家雷杜德为其用心绘制了65页彩色插图。这本书非常精美，前后共发行3个版本。同样热爱植物的英国哲学家拉斯金（John Ruskin）对它赞赏不已。→*31，126*

19 《园艺图谱志》（*L'Illustration horticole*），查尔斯·安托万·勒梅尔（Charles Antoine Lemaire），根特，卷8，1854—1856年

勒梅尔所著的园艺书之一。共43卷，1200幅插图。前半部分插图为手工上色，后半部分为彩色石版画。→*25*

20 《欧洲温室和园林花卉》（*Flore des serres et des jardins de l'Europe*），查尔斯·安托万·勒梅尔、米歇尔·约瑟夫·弗朗索瓦·施莱德韦勒（Michael Joseph François Scheidweiler）、路易·凡·豪特（Louis Van Houtte），根特，1845—1860年

比利时出版的园艺目录。共23卷，2480幅插图，均为彩色拓印石版画。原作者塞弗林（Severin）是比利时著名的画家，其出色的绘画水平至今仍受到人们的赞赏。→*46，108*

21 《科罗曼德海岸植物志》（*Paints of the coast of Coromandel*），威廉·罗克斯堡（William Roxburgh），伦敦，1795—1819年

英国东印度公司在加尔各答植物园中栽培从科罗曼德沿岸采集的植物，罗克斯堡是出版人，插图由印度半岛当地的画家绘制，品位不凡。→*103*

22 《药用植物志》（*Phytographie médicale, ornée de figures coloriées de grandeur naturelle*），约瑟夫·罗克斯（Joseph Roques），巴黎，1821年

最终版本包含180幅插图，是19世纪法国最精美的药用植物彩色图谱。插图由奥卡尔绘制。发行者罗克斯是巴黎的一名医生，后来负责管理蒙彼利埃植物园。→*88，89，90，91*

著作权合同登记号：图字 02-2024-086 号
Shinsouban Hanano Oukoku 3 Yuuyoushokubutsu
by Hiroshi Aramata
© Hiroshi Aramata 2018
All rights reserved.
Originally published in Japan by HEIBONSHA LIMITED, PUBLISHERS, Tokyo
Chinese (in simplified character only) translation rights arranged with HEIBONSHA LIMITED, PUBLISHERS, Japan through TUTTLE－MORI AGENCY, INC.
Simplified Chinese edition copyright © 2024 by United Sky (Beijing) New Media Co., Ltd.
All rights reserved.

图书在版编目（CIP）数据

花之王国. 3, 实用植物 / (日) 荒俣宏著 ; 段练译. 天津 : 天津科学技术出版社, 2024. 9. -- ISBN 978-7-5742-2257-1

Ⅰ. Q94-49

中国国家版本馆CIP数据核字第2024860QX6号

花之王国3：实用植物
HUA ZHI WANGGUO 3：SHIYONG ZHIWU
选题策划：联合天际・边建强
责任编辑：杨　譞

出　版：天津出版传媒集团
天津科学技术出版社
地　址：天津市西康路35号
邮　编：300051
电　话：（022）23332695
网　址：www.tjkjcbs.com.cn
发　行：未读（天津）文化传媒有限公司
印　刷：北京雅图新世纪印刷科技有限公司

关注未读好书

未读 CLUB
会员服务平台

开本 889 × 1194　1/16　印张10　字数150 000
2024年9月第1版第1次印刷
定价：128.00元

本书若有质量问题，请与本公司图书销售中心联系调换
电话：(010) 52435752

未经许可，不得以任何方式
复制或抄袭本书部分或全部内容
版权所有，侵权必究